浙江省高职院校"十四五"重点立项建设教材

单片机技术应用

沈旭东　吴湘莲　郑洁霁　主　编
楼　平　秦国栋　陶冶博　杨文斌　副主编

电子工业出版社
Publishing House of Electronics Industry
北京·BEIJING

内 容 简 介

本书为浙江省高职院校"十四五"重点立项建设教材,遵循教育部发布的《高等职业学校专业教学标准》中对单片机课程的要求,参照"物联网单片机应用与开发"1+X 证书考核标准编写。

本书采用 STC15 单片机实验平台,涵盖了 51 系列单片机的主要应用技术,包括 I/O 口控制、定时器中断、数码管显示、点阵显示、串口触摸屏显示、A/D 转换等。本书所选任务具有很强的实用性,所有代码都通过了仿真和实践调试,便于读者实施。

本书可作为高职院校装备制造类、电子信息类等相关专业的教学用书,也可作为 51 系列单片机项目开发人员的技术培训资料。

未经许可,不得以任何方式复制或抄袭本书之部分或全部内容。
版权所有,侵权必究。

图书在版编目(CIP)数据

单片机技术应用 / 沈旭东,吴湘莲,郑洁雯主编.
北京 : 电子工业出版社, 2025. 1. -- ISBN 978-7-121-49429-1

Ⅰ. TP368.1

中国国家版本馆 CIP 数据核字第 2025EG5203 号

责任编辑:王艳萍
印　　刷:北京雁林吉兆印刷有限公司
装　　订:北京雁林吉兆印刷有限公司
出版发行:电子工业出版社
　　　　　北京市海淀区万寿路 173 信箱　邮编 100036
开　　本:787×1 092　1/16　印张:12　字数:307.2 千字
版　　次:2025 年 1 月第 1 版
印　　次:2025 年 1 月第 1 次印刷
定　　价:42.00 元

凡所购买电子工业出版社图书有缺损问题,请向购买书店调换。若书店售缺,请与本社发行部联系,联系及邮购电话:(010)88254888,88258888。
质量投诉请发邮件至 zlts@phei.com.cn,盗版侵权举报请发邮件至 dbqq@phei.com.cn。
本书咨询联系方式:wangyp@phei.com.cn,(010)88254574。

前　言

单片机技术是嵌入式计算机系统的重要分支，广泛应用于工业控制、智能家居、物联网等多个领域。本书旨在帮助学生更好地学习单片机技术，使他们成为具备理论知识和实践能力的高技能人才。

本书在编写过程中全面融入了"物联网单片机应用与开发"1+X证书考核标准中的基本要求，反映最新的课改理念。

本书分为六个教学情境，分别为单片机开发的准备与实施、交通灯的设计、四路数字显示抢答器的设计、电子秒表的设计、串口触摸屏通信控制系统设计、单片机常用接口技术。每个教学情境都包括问题引入、知识目标、技能目标，并分任务阐述相关内容，穿插理论知识的讲解和技能训练，便于学生掌握知识、技能。教学情境中还设置了课后拓展，培养学生举一反三的能力。本书精选内容，重构典型教学案例，将专业技能与"物联网单片机应用与开发"1+X证书考核标准相结合，所学即所用、学思结合、知行合一。内容设计注重运用现代信息技术，创新立体化教材呈现形式，在任务中设置配套网络增值服务资源，学生可以扫描书中的二维码下载虚拟仿真资源，使内容更加情景化、动态化、形象化。

本书坚持"以服务为宗旨，以就业为导向"的思想，突出职业教育的特色，主要特点如下。

1. 本书在进行充分的岗位调研的基础上，面向学生就业方向，围绕全国大学生电子设计竞赛、电子产品设计与应用技能大赛等技能竞赛，全面培养学生对智能电子产品的设计与开发能力。此外，本书在内容编排上，遵循"物联网单片机应用与开发"1+X证书的考核标准，实现书证融通、课证融通，突出育训结合的职业特色。

2. 本书针对学生理论知识欠缺、动手能力强的特点，将热门案例和典型技能案例融合，分解并重构教学情境。为方便教学与学习，各任务设有工作任务、思路指导、相关知识、任务实施、课后拓展版块，好教好学，内容紧扣主题，定位精确。

3. 本书采用书网融合的新形态教材形式，将纸质教材与数字资源、配套教学资源有机结合。例如，新增理论学习微课资源、任务仿真资源、课后拓展二维码，学生使用移动终端扫描二维码，即可实现自我测试，在巩固知识的同时，提高解决实际问题的能力。

本书由嘉兴职业技术学院智能制造学院沈旭东、吴湘莲、郑洁雳担任主编，由楼平、秦国栋、陶冶博、杨文斌担任副主编，嘉兴佳利电子有限公司高级工程师文连国对本书内容进行了审核，并对本书的编写和出版给予了极大的帮助，在此表示感谢！

本书配有免费的电子教学课件，请有需要的教师登录华信教育资源网免费注册后下载。如有问题，请在网站留言或与电子工业出版社联系（E-mail:wangyp@phei.com.cn）。

由于编者水平有限，书中错漏之处在所难免，敬请读者提出宝贵意见。

编　者

目 录

教学情境一　单片机开发的准备与实施 ·· 1
    任务 1-1　认识单片机 ··· 2
    任务 1-2　构建单片机的最小系统 ·· 6
    任务 1-3　单片机开发软件安装及操作 ·· 11
    单元小结 ··· 21
    思考与练习 ··· 21

教学情境二　交通灯的设计 ··· 23
    任务 2-1　点亮一只 LED ·· 24
    任务 2-2　控制 LED 闪烁 ··· 32
    任务 2-3　跑马灯的设计 ··· 38
    任务 2-4　数码管的静态显示 ··· 42
    任务 2-5　综合实训 ·· 47
    单元小结 ··· 50
    思考与练习 ··· 50

教学情境三　四路数字显示抢答器的设计 ·· 52
    任务 3-1　独立按键的检测 ··· 53
    任务 3-2　矩阵按键的检测 ··· 57
    任务 3-3　综合实训 ·· 64
    单元小结 ··· 69
    思考与练习 ··· 69

教学情境四　电子秒表的设计 ·· 71
    任务 4-1　定时器查询控制 LED 闪烁 ·· 73
    任务 4-2　定时器中断控制 LED 闪烁 ·· 81
    任务 4-3　数码管的动态扫描显示 ··· 86
    任务 4-4　LED 点阵的动态扫描显示 ··· 96
    任务 4-5　独立按键的动态扫描检测 ·· 101
    任务 4-6　综合实训 ·· 108
    单元小结 ·· 115
    思考与练习 ··· 115

教学情境五　串口触摸屏通信控制系统设计 ······································· 117
    任务 5-1　串口数据的发送 ··· 118
    任务 5-2　串口数据的接收 ··· 126

  任务 5-3 串口数据帧的接收 ·· 133
  任务 5-4 综合实训 ·· 141
  单元小结 ·· 148
  思考与练习 ·· 148

教学情境六 单片机常用接口技术 ·· 150
  任务 6-1 光照强度采集系统设计 ·· 151
  任务 6-2 用 AT24C02 记录开机次数 ······································ 161
  任务 6-3 DS1302 的时钟系统设计 ·· 172
  单元小结 ·· 181
  思考与练习 ·· 181

教学情境一　　单片机开发的准备与实施

问题引入

随着电子技术快速发展，单片机在自动化控制、数据处理和智能系统中扮演的角色日益重要。单片机开发是电子工程师的核心技能之一，涉及硬件选择、软件编程等多个领域。本教学情境旨在介绍单片机开发的准备和实施过程，为学生深入研究智能电子产品的开发提供基础指导。

本教学情境通过三个任务详细介绍单片机开发的准备和实施过程，包括认识单片机、构建单片机的最小系统、单片机开发软件安装及操作。通过这三个任务的学习，学生将对单片机开发的全过程有一个基本了解，为进一步完成单片机开发工作，成为满足国家需求的优秀嵌入式开发人才打下坚实基础。

知识目标

1. 了解单片机的概念、应用领域。
2. 掌握单片机的内部结构、存储结构。
3. 掌握单片机的最小系统设计。
4. 掌握单片机开发软件的安装及基本操作。
5. 掌握单片机项目的建立流程和程序结构。

技能目标

1. 能够设计单片机最小系统。
2. 能够使用单片机软件开发平台 Keil5 并运行单片机程序。

任务1-1　认识单片机

◆ 工作任务

通过查阅网络、书籍等资源，了解单片机的概念、应用领域、内部结构和存储结构。

◆ 思路指导

1．在"职业教育专业教学资源库"等网站上查阅资料。

2．查阅相关数据手册，初步了解单片机。

◆ 相关知识

一、什么是单片机

单片机就是把中央处理器（CPU）、随机存储器（RAM）、只读存储器（ROM）、中断系统、定时器/计数器及I/O接口电路等集成在一块芯片上的微型计算机。与计算机相比，单片机少了外设，概括地讲，一块单片机芯片类似于一台计算机，它的体积小、质量轻、价格低，为学习、应用和开发提供了便利条件。虽然单片机只是一块芯片，但从组成和功能上看，它已具备了计算机的属性，因此称它为单片微型计算机（Single Chip Microcomputer），简称单片机。

本书采用的单片机（IAP15L2K61S2）使用LQFP44封装形式，其引脚和实物图分别如图1-1和图1-2所示，该单片机共有44只引脚。

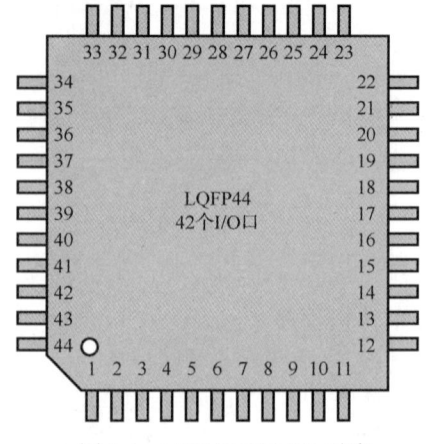

图1-1　IAP15L2K61S2引脚　　　　图1-2　IAP15L2K61S2实物图

二、单片机的应用领域

单片机技术的发展速度十分惊人。时至今日,单片机技术已经发展得相当完善,成为计算机技术中一个独特且重要的分支。单片机的应用领域日益广泛,飞机上各种仪表的控制,计算机的网络通信与数据传输,工业自动化过程的实时控制和数据处理,广泛使用的各种智能 IC 卡,民用轿车的安全保障系统,录像机、摄像机、全自动洗衣机的控制,程控玩具,电子宠物等都离不开单片机,其应用大致可分为以下几个领域。

1. 精密测量

单片机与各类传感器的结合使传统仪器仪表实现了向数字化、智能化、微型化的转变。它们不仅能够精确测量电压、电流、功率等基础物理量,还广泛应用于电压表、功率计、示波器及各类高级测量设备中,显著提高了测量的精度与效率。

2. 工业控制

单片机构成了形式多样的自动化系统,包括控制系统、数据采集系统、通信系统及信号检测系统。它们助力实现了工厂流水线的智能化管理、电梯的精准控制,以及各类报警系统与计算机的无缝对接等,形成了高效的二级控制系统。此外,物联网系统的兴起使单片机的应用达到了新的高度。

3. 家用电器

单片机在家用电器领域已成为不可或缺的一部分。从电饭煲、洗衣机到电冰箱、空调,再到音响视频器材和电子称量设备,单片机的身影无处不在,为我们的生活带来了极大的便利。

4. 网络和通信

单片机凭借其内置的通信接口,轻松实现了与计算机的数据交互,为计算机网络和通信设备的创新应用提供了坚实的基础。手机、固定电话、小型程控交换机等通信设备都得益于单片机的智能控制,带给人们更加高效、稳定的通信体验。

5. 医疗设备

单片机在医疗设备领域同样发挥着重要作用。无论是医用呼吸机、分析仪,还是监护仪、超声诊断设备,都离不开单片机的精准控制。它们为医疗行业的智能化、数字化发展提供了有力的支持。

6. 汽车电子

在汽车电子中,单片机的应用同样广泛。从发动机控制器到基于 CAN 总线的智能电子控制器，再到 GPS 导航系统、ABS 系统、制动系统和胎压检测等，单片机为汽车电子的智能化、安全化发展注入了新的活力。

此外，单片机还广泛应用于工商、金融、科研、教育、电力、物流和航空航天等多个领域，展现出了强大的通用性和适应性。随着技术的不断进步和应用的不断拓展，单片机将继续在各个领域发挥重要作用，推动各行业的创新发展。

三、单片机的内部结构

STC15 单片机的功能强大，内部结构十分复杂，这里以 IAP15L2K61S2 内部功能框架（见图 1-3）为例进行讲解。IAP15L2K61S2 内部主要包括 CPU、程序存储器（Flash）、数据存储器（SRAM）、定时器/计数器、掉电唤醒专用定时器、I/O 口、ADC（A/D 转换器）、看门狗、高速异步串口 UART、CCP/PWM/PCA、高速同步串口 SPI、高精度 RC 时钟及高可靠复位电路等模块。STC15 单片机几乎包含了数据采集和控制中需要的所有单元模块，可称得上是一个真正的片上系统（System on Chip，SoC）。

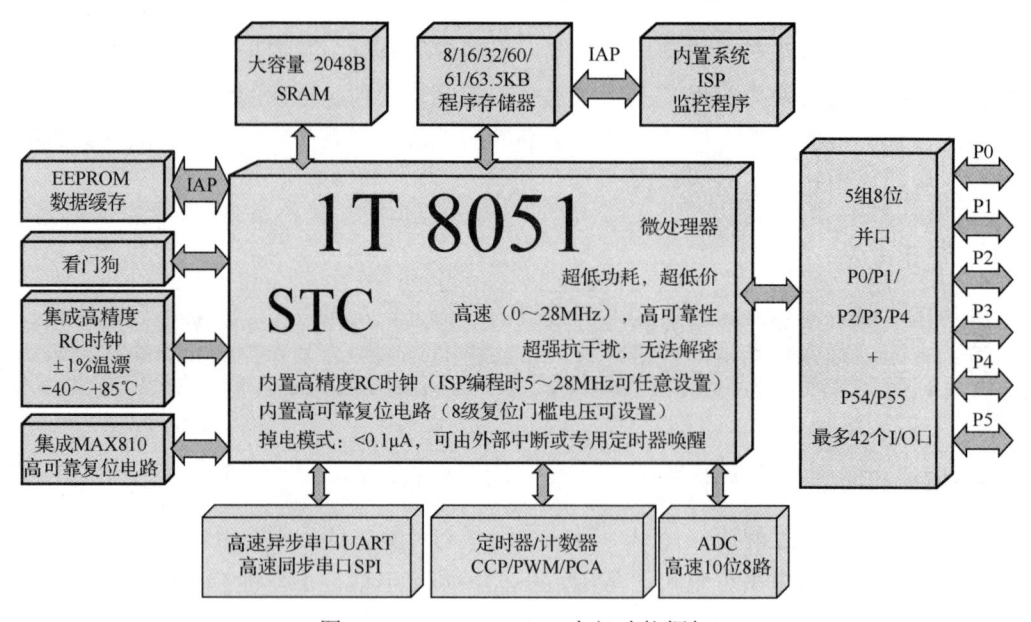

图 1-3　IAP15L2K61S2 内部功能框架

四、单片机的存储结构

IAP15L2K61S2 的工作电压为 2.4～3.6V，为 3.3V 单片机，片内大容量 SRAM 为 2048B，包括常规的 256B RAM（idata）和内部扩展的 1792B RAM（xdata），内部程序存储器为 61KB，擦写次数在 10 万次以上。

IAP15L2K61S2 采用了独特的哈佛架构设计，其特点在于采用一根专用的地址总线与数据总线,实现了程序存储空间与数据存储空间的完全独立。这两个空间不仅地址编码相互独立,而且各自遵循不同的寻址机制,确保了高效的并行处理能力。IAP15L2K61S2在物理结构上有 3 个存储空间,分别为存放程序代码的非易失性的程序存储器(Flash)、片上的常规数据存储器(RAM)和片内扩展数据存储器(RAM)。为了有效访问这些逻辑上分隔的存储空间,STC15 单片机设计了不同类型的指令集。这些指令在执行时,能够生成特定的选通信号,确保正确无误地访问到目标存储空间,从而实现了对程序和数据的高效、灵活管理。

IAP15L2K61S2 的存储结构如图 1-4 所示。

(a)程序存储器　　(b)片上的常规数据存储器　　(c)片内扩展数据存储器

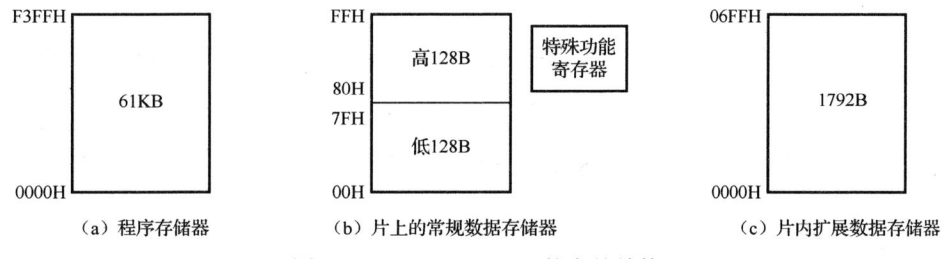

图 1-4　IAP15L2K61S2 的存储结构

1. 程序存储器

该内存的寻址范围为 0000H～F3FFH,容量为 61KB,主要作用是存放程序及程序运行时所需的常数等。当程序指针 PC 指向 0000H 时,表示单片机从这个地址开始执行程序。

2. 数据存储器

数据存储器也称为随机存取数据存储器。数据存储器分为片上的常规数据存储器和片内扩展数据存储器,2KB 的数据存储器在物理和逻辑上分为两个地址空间:内部 RAM(256B)和内部扩展 RAM(1792B)。其中,内部 RAM 的高 128B 的数据存储器与特殊功能寄存器(SFR)看似地址重叠,但实际使用时可通过不同的寻址方式访问不同的存储空间。

任务实施

查阅书籍及网络资料。

课后拓展

1. 单片机的应用领域有哪些?

2. IAP15L2K61S2 有几只引脚?请绘制出 IAP15L2K61S2 的引脚图,并说说各引脚的功能。

3. 为自己制订单片机学习计划。

任务1-2 构建单片机的最小系统

☞ 工作任务

设计一块单片机最小系统开发板，要求包含电源电路、复位电路、振荡电路和下载电路。

☞ 思路指导

1. 通过查阅STC15单片机的数据手册，了解单片机的电气特性、I/O口分布及相关功能。

2. 利用网络查阅并分析STC15单片机的开发板原理图。

☞ 相关知识

单片机的最小系统一般由电源电路、复位电路、振荡电路和下载电路四部分组成，下面先介绍各部分的作用。

一、电源电路

电源电路是一个系统能够运行的基本条件，电源电路的设计至少需要考虑两个参数：工作电压和工作电流，这两个参数从哪里获取呢？我们可以查阅单片机对应的数据手册，这是最重要也是最权威的技术资料。本书采用的单片机为IAP15L2K61S2，其工作电压为2.4～3.6V，正常工作电流为4～6mA，因此可以采用3.3V电源进行供电，考虑到外设的功耗，可选择电源芯片LM1117IMPX-3.3为IAP15L2K61S2供电，其最大供电电流可以达到800mA。如果输出功率不能满足需求，可以考虑使用输出功率更大的DC-DC芯片（如MP1584）进行供电。

LM1117IMPX-3.3是一款低压差线性稳压器，它具有成本低、噪声低、静态电流小等突出优点，外接元器件也很少，通常只需要一两个旁路电容即可工作。这里外接输入电源采用USB接口（5V）供电，因此需要将5V电源转换为3.3V电源，转换电路如图1-5所示。

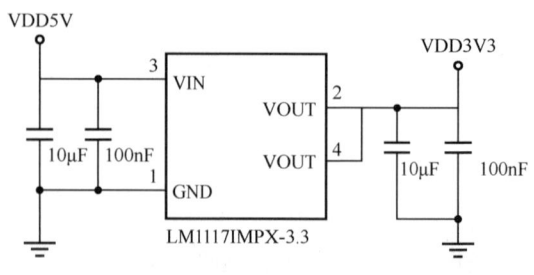

图1-5 将5V电源转换为3.3V电源的电路

二、振荡电路

单片机指令必须满足一定的时序条件才能运行,即单片机正常工作时必须有振荡电路,我们采用的 IAP15L2K61S2 内部集成了高精度 RC 时钟,所以外部振荡电路可以省略,但是在环境要求比较高的情况下,需要使用外部振荡电路,以保证程序能稳定运行。下面介绍这两种振荡电路的基本原理。

1. 高精度 RC 时钟

IAP15L2K61S2 使用内部集成的高精度 RC 时钟时,不需要外接任何电路,运行时的系统时钟可通过 STC-ISP 软件进行设置。常温下的时钟频率可设置为 5~35MHz,精度为±0.3%,温漂为±0.6%;在-40~+85℃的环境下,温漂为±1%。

2. 外部振荡电路

IAP15L2K61S2 使用外部时钟时,需要外接振荡电路,晶振类型通常分为两种:一种是有源晶振;另一种是无源晶振。

无源晶振自身无法起振,需要芯片内部的振荡电路协助才能振荡,信号质量和精度稍差,但价格较低,因此在实际应用中经常使用,其外形如图 1-6 所示。无源晶振工作时还需要两个起振电容,其容量一般根据无源晶振的参数进行选择,常用的容量为 10~22pF。

图 1-6 无源晶振的外形

有源晶振是一个完整的谐振振荡器,它利用石英晶体的压电效应起振,因此工作时需要给有源晶振提供一个电源,这也是有源晶振名字的由来。它可以产生高精度、质量稳定的基准信号。相较于无源晶振,其价格较高。有源晶振的外形如图 1-7 所示。

图 1-7 有源晶振的外形

有源晶振和无源晶振在STC15单片机中的连接方法分别如图1-8和图1-9所示。其中，有源晶振有4只引脚，给VCC引脚供电后，由OUT引脚自动输出指定的频率；无源晶振一般只有2只引脚，没有正、负之分，接到单片机对应的晶振引脚即可，若有4只引脚，则其余引脚一般直接接地。

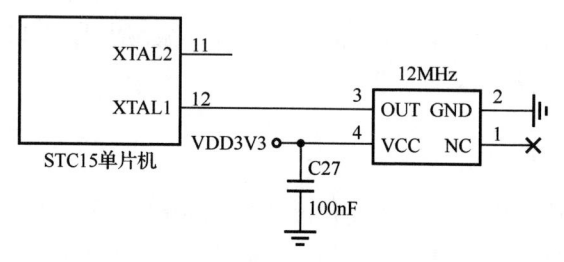

图1-8 有源晶振在STC15单片机中的连接方法

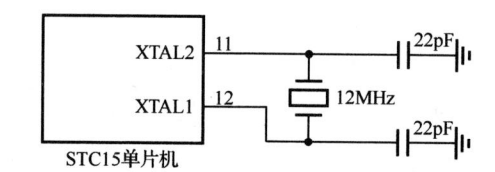

图1-9 无源晶振在STC15单片机中的连接方法

三、复位电路

复位电路的作用是使单片机的运行状态恢复到初始状态，即从第一条指令开始执行程序。STC15单片机的复位方式有7种：外部RST引脚复位、软件复位、掉电复位/上电复位、内部低压检测复位、MAX810专用复位电路复位、看门狗复位、程序地址非法复位。STC15单片机内部集成了MAX810专用复位电路，因此它自身具有复位功能，外部复位电路可以省略。如果需要使用外部复位功能，可在STC-ISP软件中将单片机的RST引脚设置为复位引脚，通常有手动复位和自动复位两种方式。手动复位电路和上电自动复位电路分别如图1-10和图1-11所示。

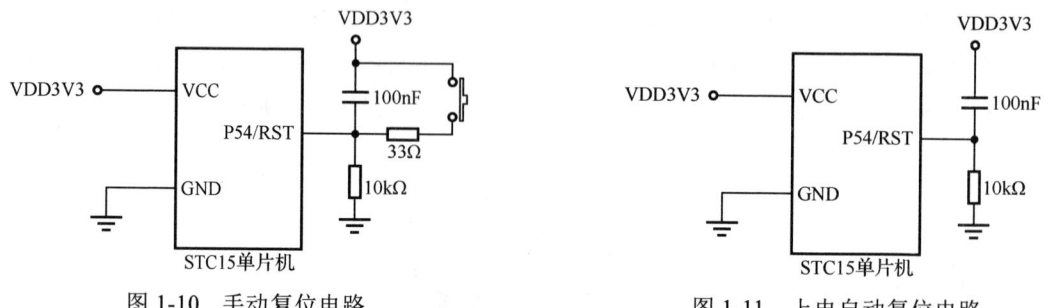

图1-10 手动复位电路　　　　　　图1-11 上电自动复位电路

STC15单片机是高电平复位，具体复位过程：上电瞬间，100nF电容上端为高电平（3.3V），下端为低电平（0V），此时对电容充电，10kΩ电阻上有电流流过，RST引脚保持高电平。随着对电容的充电，电流逐渐下降，当电容充满电后，电容起隔离作用，电流变为零，此时 RST 引脚保持低电平，STC15 单片机开始工作。

无论是手动复位还是上电自动复位，RST 引脚都会出现由高电平变成低电平的过程，那具体复位的时间是多长呢？从数据手册上可以查到需要"不少于 24 个时钟周期外加 20μs"，因此需要通过 RC 电路调整上电的时间。假设先取电阻 R 为 10kΩ，电容 C 为 100nF，根据 $t=1.1RC$ 可得到，t 为 1100μs。假设系统工作在频率为 12MHz 的时钟下，那么 24 个时钟周期为 $24\times(1/12)=2μs$，要求的复位时间为 22μs，设计的时间 1100μs 远大于 22μs，因此完全满足实际使用的需求，并留有很大余量。

另外，手动复位电路中的 33Ω 电阻起限流作用，避免在按键被按下的瞬间产生很大的电流，导致电磁干扰。

四、下载电路

下载电路的作用是将计算机上编译好的可执行文件通过串口电路下载到单片机内部的程序存储器中。为节省成本，一般在设计产品时将 P30（RXD）、P31（TXD）、VCC 和 GND 4 只引脚预留为测试引脚。实际生产中使用测试夹具对计算机上编译好的可执行文件进行批量下载。

任务实施

（1）原理图设计。

单片机最小系统原理图如图 1-12 所示。

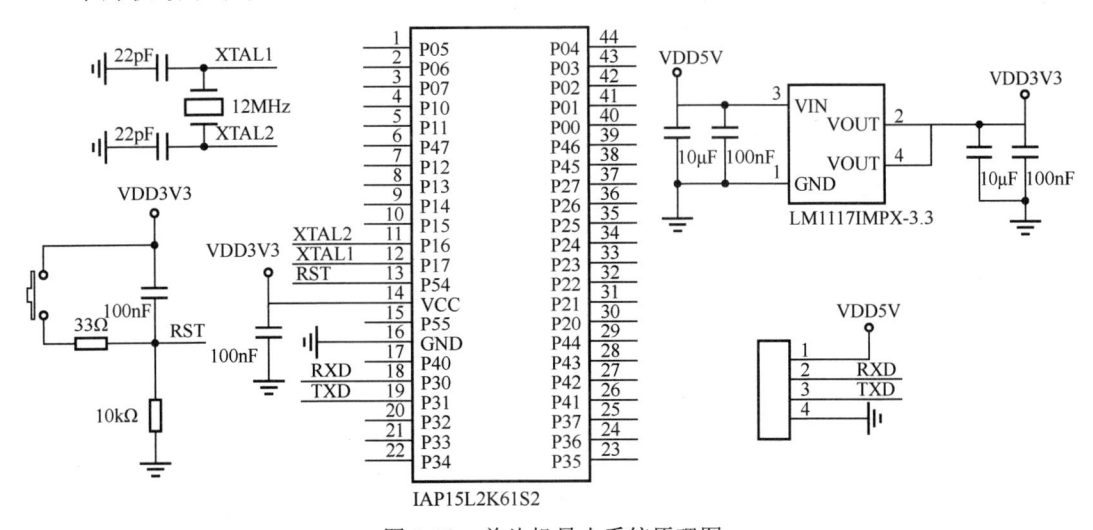

图 1-12　单片机最小系统原理图

(2)元器件清单。

单片机最小系统的元器件清单如表1-1所示。

表1-1 单片机最小系统的元器件清单

序号	元器件名称	规格参数	数量
1	单片机	IAP15L2K61S2	1
2	电源芯片	LM1117IMPX-3.3	1
3	晶振	12MHz, 20pF	1
4	电容	（10±20%）μF, 25V	2
5	电容	（100±10%）nF, 50V	4
6	电容	（22±10%）pF, 50V	2
7	电阻	（10±5%）kΩ, 62.5mW	1
8	电阻	（33±1%）Ω, 62.5mW	1
9	四脚轻触按键	6mm×6mm×5mm	1
10	下载接口	1×4Pin, 间距2.54mm	1

(3)请同学们使用面包板完成电路的焊接，并验证电路。

课后拓展

1．单片机的最小系统由哪几部分组成？请说明各部分的功能和作用。

2．使用EDA软件绘制单片机最小系统的原理图和PCB图。

3．做好硬件准备，购买一块单片机最小系统开发板。

任务 1-3　单片机开发软件安装及操作

◉➡ 工作任务

准备一台计算机，在上面安装好单片机开发软件，并新建一个工程，输入代码，编译、下载程序，掌握单片机的开发流程。

◉➡ 思路指导

利用网络查阅单片机软件开发平台 Keil μVision5（以下简称 Keil5）的安装过程，学习单片机的开发流程。

◉➡ 相关知识

一、Keil5 介绍

Keil5 是 Keil 公司推出的一款专为嵌入式系统开发者设计的集成开发环境（Integrated Development Environment，IDE），它支持多种处理器架构，如 ARM、Cortex-M、Cortex-A 及 8051 等，为开发者提供了全面的开发解决方案。这款 IDE 集成了功能强大的源代码编辑器、编译器和调试器，允许开发者在一个统一的环境中编写、编译、仿真及调试 C 语言程序。其源码级调试器能够模拟多种微控制器（MCU）硬件平台，帮助开发者精确定位代码错误，加速开发进程。此外，Keil5 还提供了丰富的代码优化功能，以在保证效率的同时减小代码大小，提升系统性能。它支持 Windows 和 Linux 等多种操作系统，增加了开发的灵活性和便利性。综上所述，Keil5 凭借其强大的功能、易用性和广泛的支持，成为嵌入式系统开发中不可或缺的重要工具，广泛应用于学术研究、工业控制、智能家居等多个领域。

二、Keil5 的安装

要想使用 Keil5，首先需在计算机上安装该软件，接下来简述 Keil5 的安装过程。安装 Keil5 之前，先在某一个盘下新建一个文件夹，命名为"Keil_v5"，如 D:\Keil_v5，这样便于软件的管理和系统文件的查找。

（1）安装软件。

首先，在 armKeil 官方网站下载安装文件"Keil C51 v9.60a"；然后，双击应用程序，弹出"开始安装"对话框，单击"Next"按钮，此时会弹出"License Agreement"对话框,勾选"I agree to…"复选框并单击"Next"按钮,弹出"选择安装路径"对话框,单击"Browse"按钮,选择之前新建的文件夹(D:\Keil_v5);最后,填写个人信息,单击"Next"按钮,出现"正在安装"提示框,稍等片刻,软件安装完毕后,单击"Finish"按钮。

(2)安装库文件。

Keil5 中未包含 STC MCU 的库。STC-ISP 软件具有安装库功能,只需进行简单的操作,就可以添加 STC MCU 的库到 Keil5 中。

首先,打开 STC-ISP 软件中的"Keil 仿真设置"选项卡;然后,单击"添加型号和头文件到 Keil 中添加 STC 仿真器驱动到 Keil 中"按钮,如图 1-13 所示,此时弹出图 1-14 所示的"浏览文件夹"对话框;最后,定位到安装目录即可。

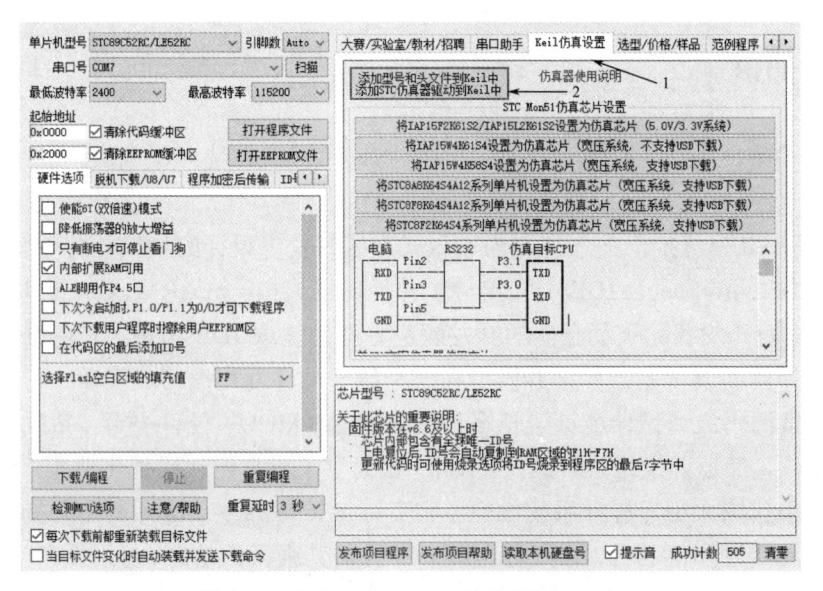

图 1-13 添加 STC MCU 的库到 Keil5 中

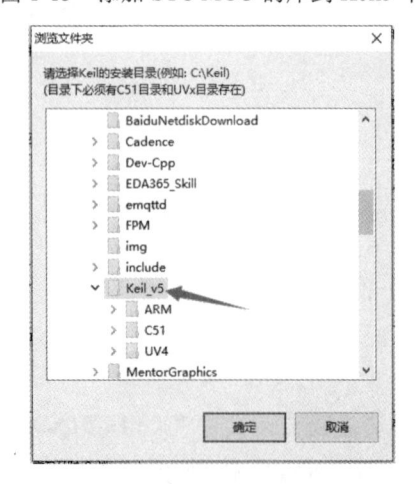

图 1-14 "浏览文件夹"对话框

三、Keil5 的工程建立过程

（1）打开 Keil5，等 Keil5 完全启动后，选择"Project"→"New μVision Project…"命令，新建工程，如图 1-15 所示。

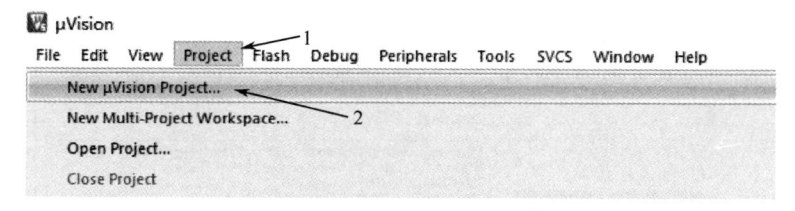

图 1-15　新建工程

（2）保持工程。本书中选择"我的第一个工程"文件夹（E:\我的第一个工程），这样便于之后的工程管理，在"文件名"输入框中输入文件名（工程的名字）：我的第一个工程，软件会默认文件的保存类型为.uvproj 格式，单击"保存"按钮，如图 1-16 所示。

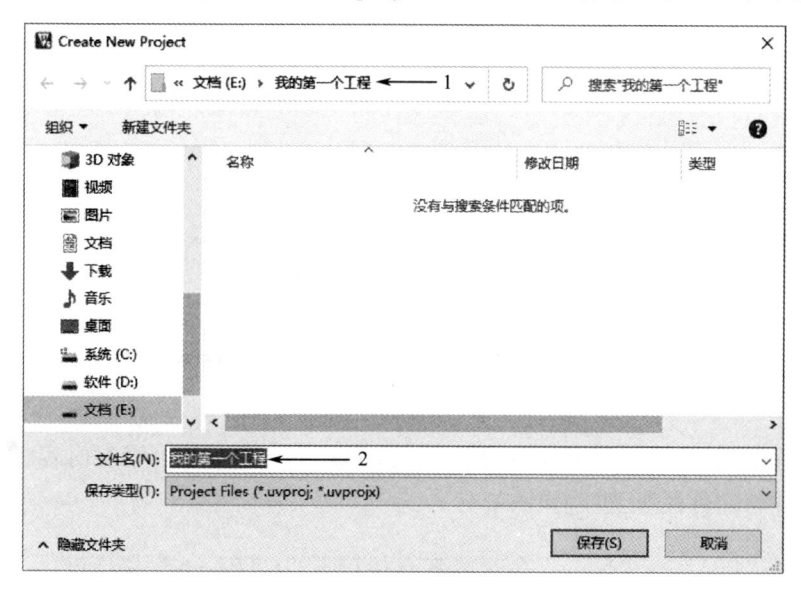

图 1-16　保存工程

（3）此时弹出图 1-17 所示的对话框，要求用户选择单片机型号。本书使用的开发板搭载的 MCU 是 IAP15L2K61S2，由于前面已经添加了 STC MCU 的库，因此这里先选中"STC MCU Database"选项，再选择近似类型的单片机"STC15F2K60S2"，单击"OK"按钮。

（4）此时弹出图 1-18 所示的"μVision"（启动代码选择）对话框，单击"是"按钮（也可以单击"否"按钮）。所谓启动代码，是指处理器最先运行的一段代码，主要作用是初始化处理器模式、设置堆栈、初始化寄存器等。由于以上操作均与处理器的体系结构和系统配置密切相关，所以一般用汇编语言编写。对单片机开发来说，添不添加启动代码均可。

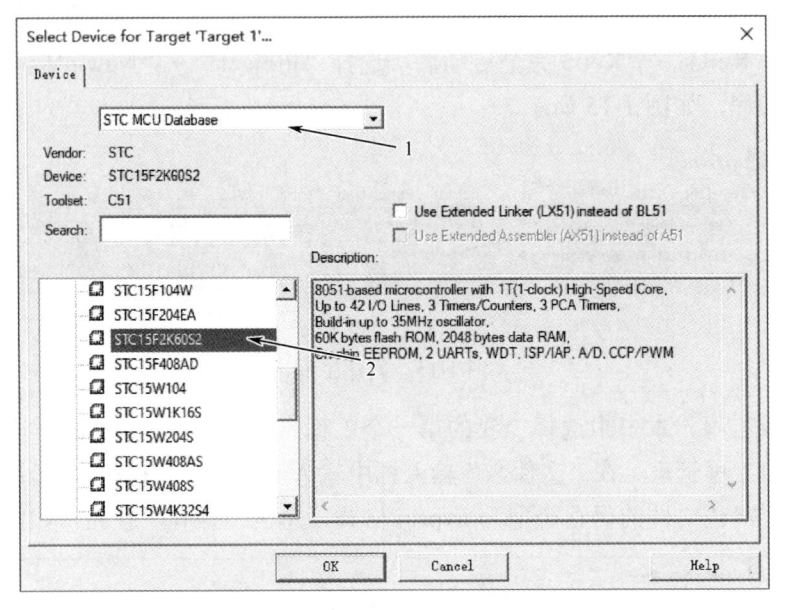

图1-17 选择STC15F2K60S2

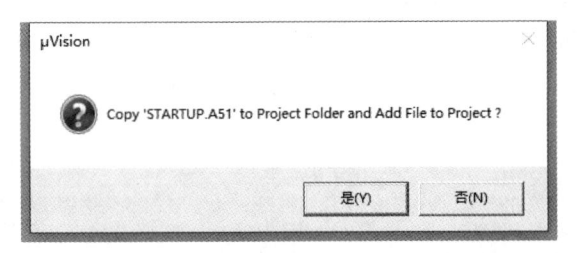

图1-18 "μVision"对话框

此时，Keil5中只是一个半成品的工程，因为只有一个框架，没有内容。接下来开始新建文件，并将文件添加到工程中。

（5）选择"File"→"New"命令或者直接按下"CTRL+N"快捷键。

（6）Keil5的编辑界面中会出现一个名为"text1"的文本文件，但其与刚建立的工程没有关系，选择"File"→"Save"命令或按下"CTRL+S"快捷键保存文件，此时弹出图1-19所示的"Save As"对话框，Keil5已经默认选择了工程所在的文件夹路径，所以只需输入正确（一定要正确）的文件名即可，文件名最好是英文的，扩展名是".c"（必须是英文字符）。

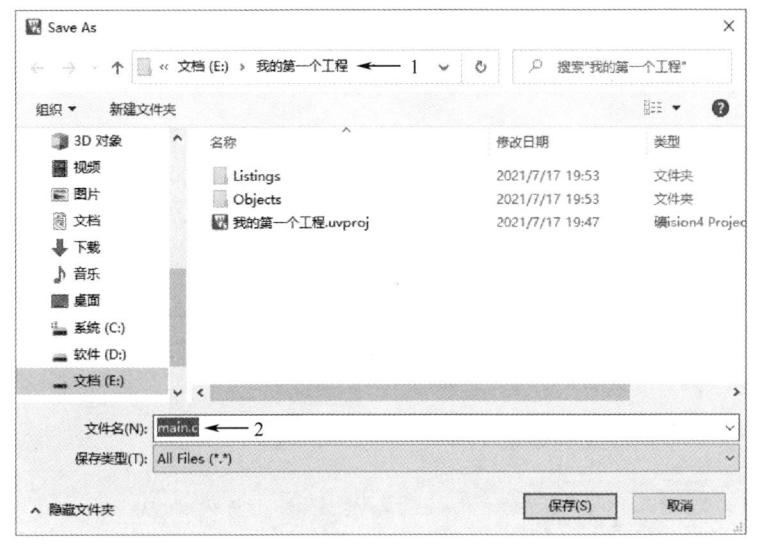

图 1-19 新建文件

（7）单击"保存"按钮，回到编辑界面，单击左侧"Project"窗口中"Target1"选项前的"+"号，选中"Source Group 1"子选项并右击，弹出快捷菜单，选中"Add Existing Files to Group 'Source Group 1'…"命令，如图 1-20 所示。在弹出的"Add Files to Group 'Source Group 1'"对话框中选中之前保存的文件（main.c），单击"Add"按钮添加文件，如图 1-21 所示，单击"Close"按钮关闭此对话框。

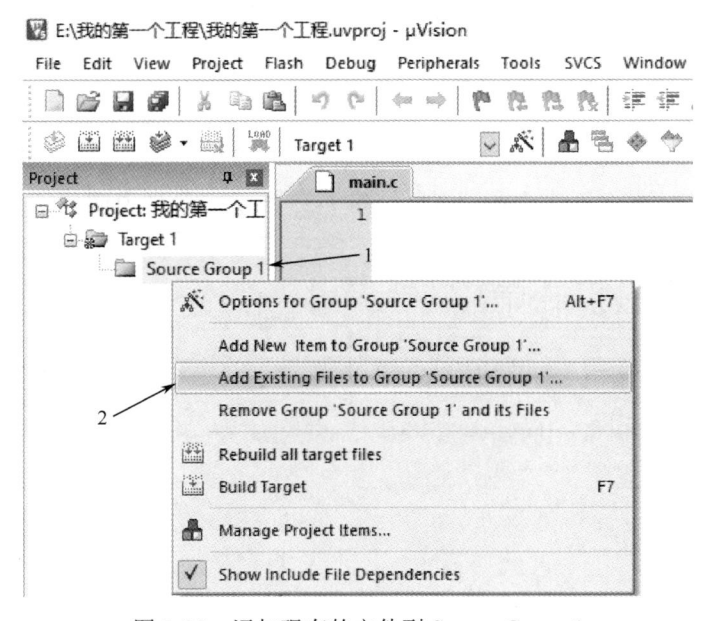

图 1-20 添加现有的文件到 Source Group 1

（8）编写代码。这里只需复制、粘贴实例的源代码，暂时无须理会代码的具体含义，输入代码之后的编辑界面如图 1-22 所示。

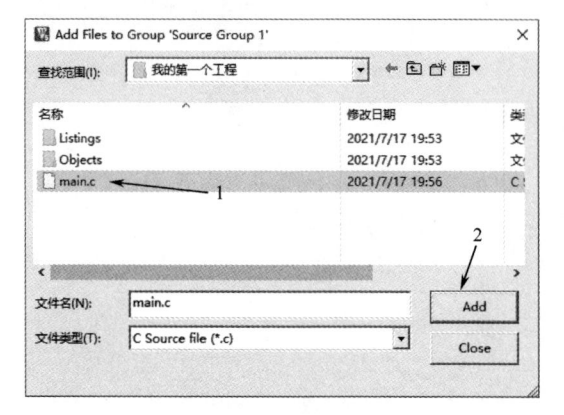

图 1-21 添加文件

图 1-22 输入代码之后的编辑界面

Keil5 中的常用按钮和常见提示信息如图 1-23 所示，具体说明如下。

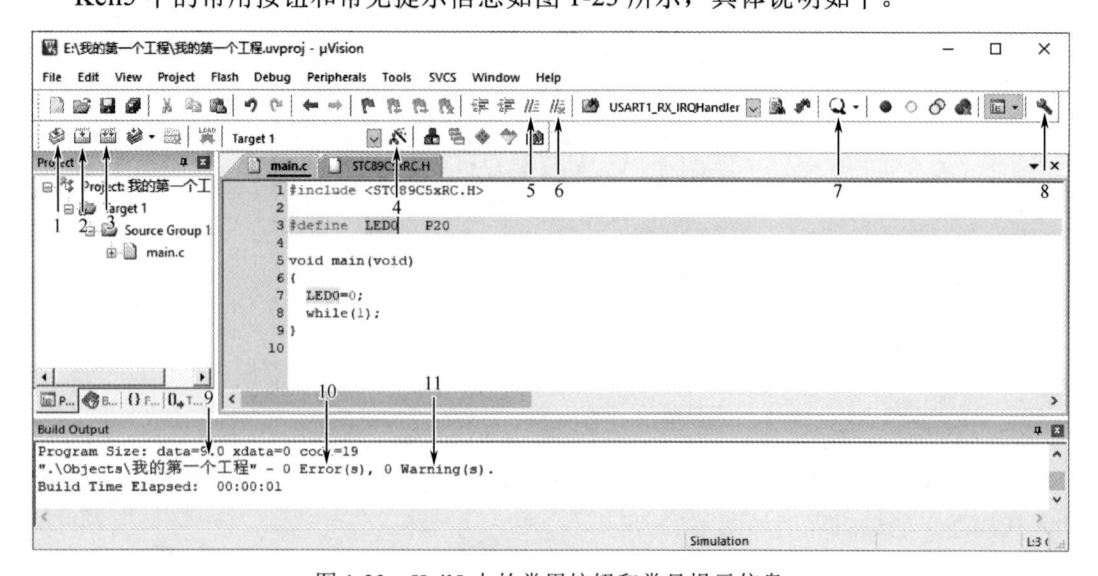

图 1-23 Keil5 中的常用按钮和常见提示信息

（1）单击"Translate"按钮，编译当前操作的文件。

（2）单击"Build"按钮，只编译修改过的文件，并生成用于下载到单片机中的HEX文件。

（3）单击"Rebuild"按钮，编译工程中的所有文件，并生成用于下载到单片机中的HEX文件。

（4）单击"Options for Target"按钮，打开"Options for Target 'Target 1'"对话框，在"Target"选项卡中，设置晶振频率为12.0MHz，如图1-24（a）所示，在"Output"选项卡中，勾选"Create HEX File"复选框，设置生成的可执行文件格式，如图1-24（b）所示。

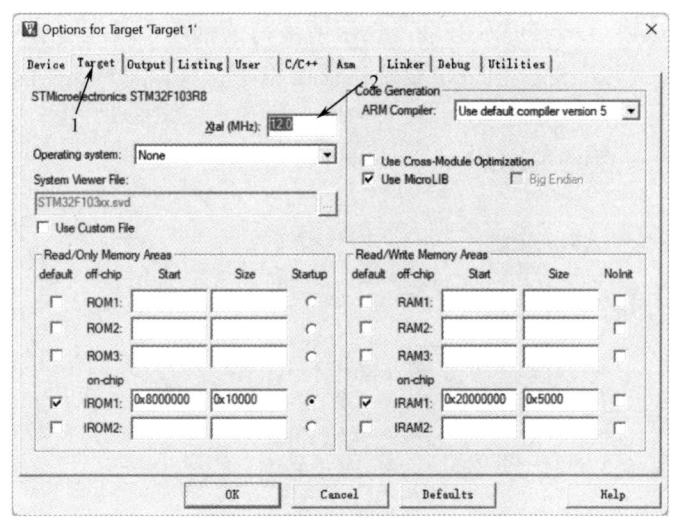

（a）"Target"选项卡

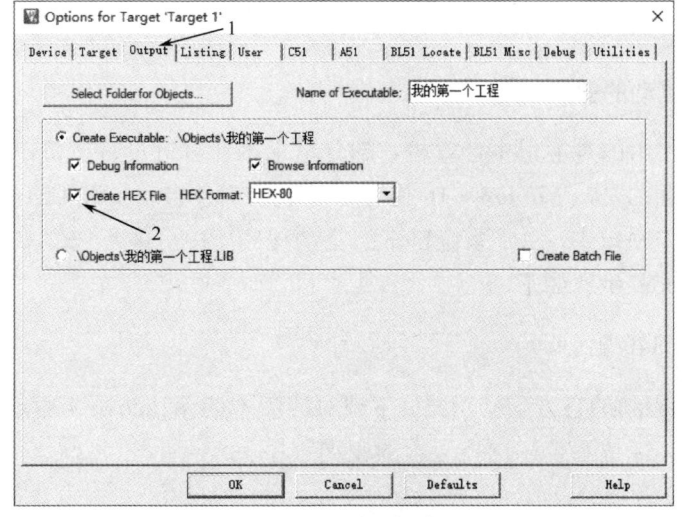

（b）"Output"选项卡

图1-24 "Options for Target 'Target1'"对话框

（5）注释选中行。先选中要注释的代码，然后单击"Comment Selection"按钮 ，就可以加入注释了。

（6）单击"Uncomment Selection"按钮 ，可删除选中行的注释。

（7）单击"Debug Session"按钮 ，进入软件仿真模式。

（8）单击"Configuration"按钮 ，打开"Configuration"对话框，此对话框主要用于设置字体的大小、颜色、TAB键的缩进等。

（9）编译完成后显示该提示信息，表示已经生成了可以下载到单片机中的HEX文件。

（10）编译完成后显示该提示信息，表示所编写的程序中没有错误（0 Error）。

（11）编译完成后显示该提示信息，表示所编写的程序中没有警告（0 Warning）。编译程序时，警告是可以有的，但一定要确认该警告是否可以忽略。

程序下载

四、测试程序——点亮LED

```
1. #include <STC15F2K60S2.H>
2. #define   LED0     P00
3. void main(void)
4. {
5.     LED0=0;
6.     while(1);
7. }
```

五、辅助工具

1. CH340驱动的安装

由于很多人使用的是笔记本计算机，部分笔记本计算机没有串口，所以需要用USB转串口。需要注意的是，Windows 10操作系统联网后会自动安装USB转串口驱动，而在Windows 7操作系统中，由于系统自带的驱动程序库中可能不包含CH340驱动，因此需要手动安装。安装步骤如下。

（1）下载CH340驱动。

访问CH340驱动的官方支持网站，下载对应版本的Windows 7驱动程序。下载时要注意区分32位和64位系统，选择适合的驱动程序。

（2）安装CH340驱动。

右击下载好的驱动文件（如CH341SER.EXE或CH340DriverSetup.exe），在弹出的

快捷菜单中选择"以管理员身份运行"命令，按照向导提示完成安装。在安装过程中，系统可能会提示连接设备，此时将 USB 转串口设备连接到计算机的 USB 接口。

（3）验证安装。

CH340 驱动安装完成后，同样可以通过设备管理器来验证驱动是否正确安装。在设备管理器中查看"端口（COM & LPT）"分类，如果看到类似"USB-SERIAL CH340（COM×）"的设备，且状态正常，则表明 CH340 驱动安装完成，如图 1-25 所示。

图 1-25　CH340 驱动安装完成

2. 用 STC-ISP 软件下载 HEX 文件

本书使用的 STC-ISP 软件版本为 6.86D。打开 STC-ISP 软件，单击两次"确定"按钮，打开图 1-26 所示的界面。用 STC-ISP 软件下载 HEX 文件的步骤如下。

（1）选择所用的单片机型号，这里选择"IAP15L2K61S2"。

（2）选择端口，通常情况下，软件会自动选择。所要选择的端口号就是前面安装了 USB 转串口驱动之后的虚拟端口，如 COM6。

（3）选择下载的最高波特率，默认为 115200bit/s。

（4）选择由 Keil5 生成的 HEX 文件（将该文件下载到单片机中运行）。

（5）根据单片机的运行频率选择输入用户程序运行时的 IRC 频率，这里选择"12MHz"，如果使用外部时钟，则取消勾选"选择使用内部 IRC 时钟（不选为外部时钟）"复选框，此步骤可以忽略。

（6）单击"下载/编程"按钮，此时提示框中会显示"正在检测目标单片机…"。

（7）重启开发板电源，提示框中会显示下载信息，可以不予理会，下载完成后显示"操作成功！"，表明 HEX 文件已经下载到单片机中。

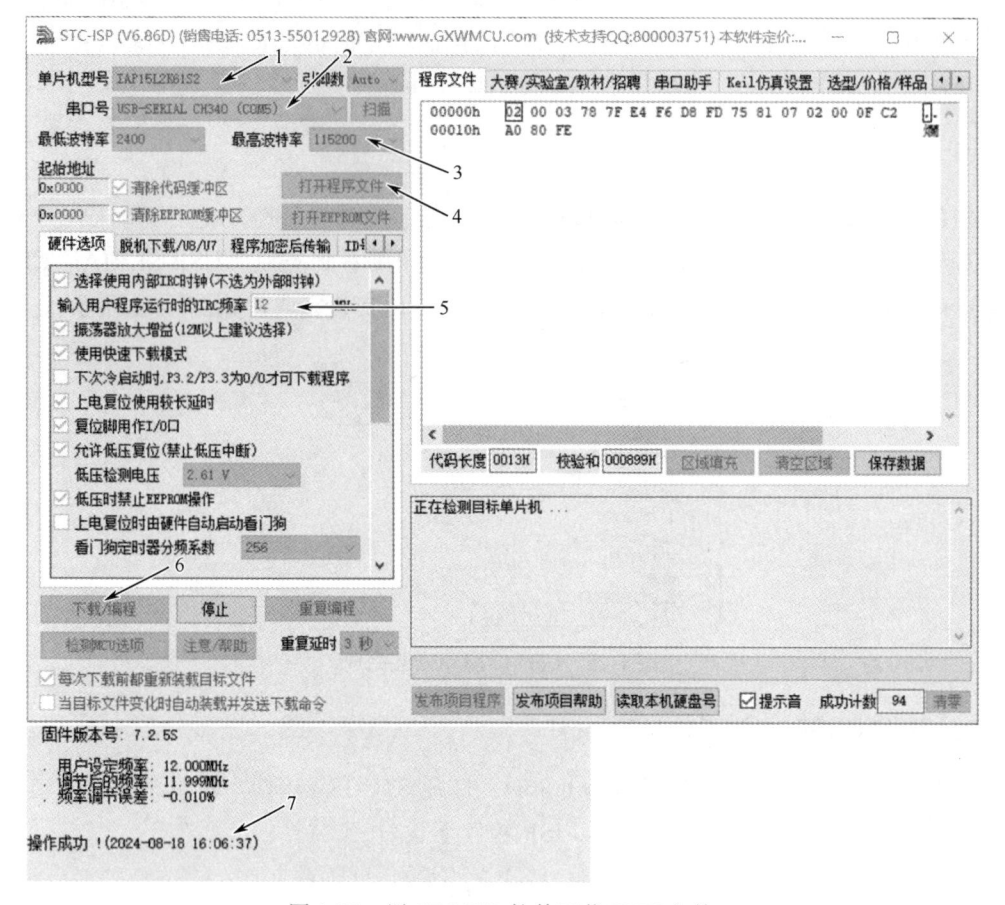

图 1-26 用 STC-ISP 软件下载 HEX 文件

任务实施

按照上述步骤完成单片机开发的整个流程。

课后拓展

1．在自己的计算机上安装好单片机开发所需要的基础软件。

2．掌握 Keil5 的基本用法，能熟练建立工程，并独立完成单片机的编程，生成 HEX 文件。

3．能独立将 HEX 文件下载到单片机中，并且观察实验现象是否正确。

单元小结

本教学情境首先介绍了单片机的基本概念、应用领域、内部结构、存储结构，使学生对单片机开发有初步的认识。学生需要掌握单片机的存储结构，能够通过物理地址换算出实际存储空间的大小，这对在后续的单片机开发过程中熟练掌握存储器的操作非常重要。单片机最小系统包括电源电路、复位电路、振荡电路和下载电路，掌握硬件电路的设计和搭建方法、单片机开发软件的安装及操作方法，可使学生对单片机的开发过程有一个清晰的认识。

思考与练习

一、填空题

1．IAP15L2K61S2 的工作电压是_____，片内 SRAM 为_____B，片内程序存储器为_____B。

2．假设一块内存的容量为 58KB，则它的寻址范围为_____。

3．单片机的最小系统由_____、_____、_____、_____四部分组成。

4．单片机程序可用 C 语言进行编写，C 语言文件的后缀名为_____，经过 Keil5_____，生成的可执行文件的后缀名为_____。

二、选择题

1．单片机最小系统中为单片机提供工作脉冲信号，以保证单片机指令按一定的时序条件运行的是（　　）。

A．电源电路　　　B．控制电路　　　C．时钟电路　　　D．复位电路

2．单片机最小系统中具有复位功能的电路是（　　）。

A．电源电路　　　B．控制电路　　　C．时钟电路　　　D．复位电路

3．单片机最小系统中，时钟电路中的晶振频率通常为（　　）。

A．4MHz　　　B．2MHz　　　C．6MHz　　　D．12MHz

4．IAP15L2K61S2 下载的最高波特率是（　　）bit/s。

A．115200　　　B．38400　　　C．230400　　　D．460800

5. IAP15L2K61S2 通常需要通过片上（   ）下载程序。

A．串口　　　　　B．网络接口　　　　C．SPI　　　　　D．USB 接口

6. IAP15L2K61S2 采用（   ）复位。

A．高电平　　　　B．低电平　　　　　C．上升沿　　　　D．下降沿

三、综合题

1．简述 STC15 单片机的存储结构，并绘制寻址范围结构图。

2．什么是单片机最小系统？绘制单片机最小系统原理图，并说明各部分的功能。

3．简述单片机开发的流程。

教学情境二　交通灯的设计

问题引入

单片机程序设计是指用某种语言（C 语言、汇编语言等）控制对应 I/O 口在合适的时间出现合适的高/低电平，或者检测高/低电平及模拟量。本教学情境旨在介绍如何通过单片机 I/O 口输出高/低电平，以控制不同的外设按要求工作。

本教学情境通过五个任务详细介绍交通灯设计过程中的相关知识和技能要求，包括点亮一只 LED、控制 LED 闪烁、跑马灯的设计、数码管（本书中的数码管均指八段 LED 数码管）的静态显示和综合实训，使学生循序渐进地掌握交通灯设计的整个过程，从而灵活应用单片机 I/O 口的输出电平进行控制。

知识目标

1. 掌握二进制数、十进制数、十六进制数的换算。
2. 掌握 LED 的基本原理及检测方法。
3. 掌握 STC15 单片机 I/O 口不同工作模式的原理。
4. 了解 STC15 单片机仿真的原理和设置方法。
5. 掌握单片机延时的基本原理和仿真方法。
6. 了解 data、xdata、code 区段的区别和含义。
7. 掌握数码管的显示原理和编码方式。

技能目标

1. 能够编写用单片机 I/O 口控制 LED 的程序。
2. 能够设计延时函数控制 LED 的显示状态。
3. 能够使用数组查表法控制 LED 显示花样。
4. 能够设计简单的数码管显示电路和控制程序。
5. 能够利用单片机 I/O 口的输出功能设计综合电路和控制程序。

任务 2-1　点亮一只 LED

➡ 工作任务

同学们应该已经迫不及待地想设计自己的项目了,那就先让我们从点亮一只 LED 开始,揭开单片机开发的神秘面纱。

本任务以 IAP15L2K61S2 为主控芯片,设计单片机控制电路并编程,实现点亮一只 LED。

➡ 思路指导

1. 查阅相关数据手册,了解单片机 I/O 口的基本原理和控制方式。
2. 学习 LED 的特性,结合单片机 I/O 口的输出电平实现对 LED 的控制。

➡ 相关知识

1. 进制换算

计算机、单片机只识别二进制数(1、0)。十进制数有 0~9 共 10 个数码,逢十进一;二进制数有 0、1 共 2 个数码,逢二进一;十六进制数有 0~9 及 A~F(a~f)共 16 个数码,逢十六进一。二进制数书写前需加 0b,十六进制数书写前需加 0x。十六进制数合 4 为 1,即 4 个二进制数组成一个十六进制数,于是它的每一位有 0b0000~0b1111 共 16 个值。十进制数、二进制数、十六进制数之间的对应关系如表 2-1 所示。

表 2-1　十进制数、二进制数、十六进制数之间的对应关系

十进制数	二进制数	十六进制数	十进制数	二进制数	十六进制数
0	0000	0	8	1000	8
1	0001	1	9	1001	9
2	0010	2	10	1010	A
3	0011	3	11	1011	B
4	0100	4	12	1100	C
5	0101	5	13	1101	D
6	0110	6	14	1110	E
7	0111	7	15	1111	F

2．LED

LED 指发光二极管，是一种能将电能转换为可见光的固态半导体器件，常见的 LED 有直插式 LED 和贴片式 LED 两种。LED 的正负极可通过以下方法区分。

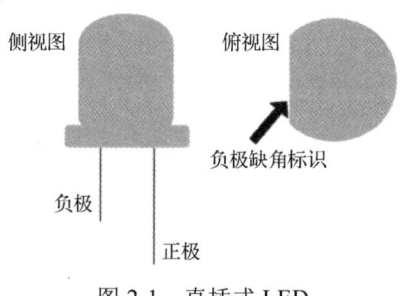

（1）观察法。

直插式 LED：如果直插式 LED 是全新的，则可以通过引脚的长短来判别正负极，长引脚为正极，短引脚为负极。另外，也可以通过直插式 LED 的外观进行判断，直插式 LED 的环氧树脂封装上有缺口的一端为负极，如图 2-1 所示。

图 2-1　直插式 LED

贴片式 LED：俯视贴片式 LED，绿色标识宽的一端是正极，另一端是负极，如图 2-2 所示。

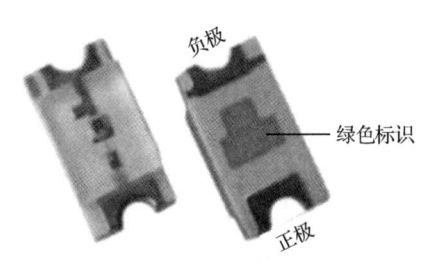

图 2-2　贴片式 LED

（2）数字万用表测量法。

将数字万用表置于二极管测试挡，两表笔接触 LED 的两只引脚。若 LED 发光，则红表笔接的是正极，黑表笔接的是负极；若 LED 不发光，则红表笔接的是负极，黑表笔接的是正极。

LED 有两个参数很重要，分别是压降和额定电流。LED 的参数如表 2-2 所示。设计电路时，一般使 LED 的工作电流为 3mA 左右。

表 2-2　LED 的参数

参　　数		直插式 LED	贴片式 LED
压降	红色 LED	2.0～2.2V	1.82～1.88V

续表

参　数	直插式 LED	贴片式 LED
黄色 LED	1.8～2.0V	1.75～1.82V
绿色 LED	3.0～3.2V	2.83～2.89V
额定电流	20mA	3～15mA

3. STC15 单片机 I/O 口的工作模式

（1）准双向口（弱上拉）模式：在准双向口模式下，I/O 口既可用作输入口，又可用作输出口，无须重新配置 I/O 口的输出状态。这是因为当 I/O 口输出高电平时，它的驱动能力很弱，允许外部装置将其拉低；当 I/O 口输出低电平时，它的驱动能力很强，可以吸收相当大的电流。准双向口输出结构有 3 个上拉晶体管，以适应不同的需求，如图 2-3 所示。

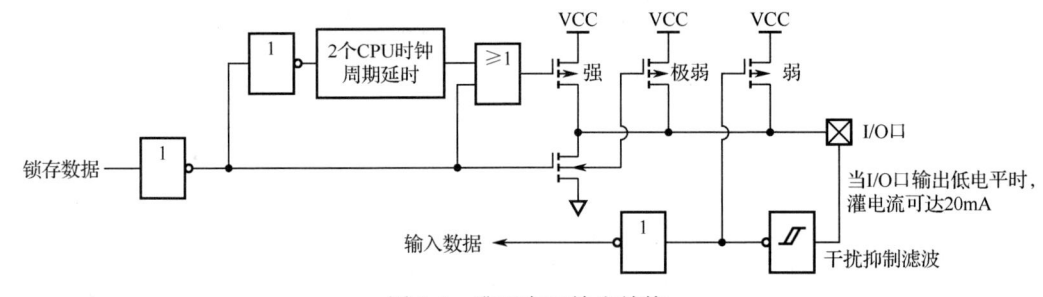

图 2-3　准双向口输出结构

注意：在此模式下，I/O 口不可驱动大电流（mA 级别）的元器件。

（2）强推挽输出（强上拉）模式：强推挽输出结构与准双向口输出结构相同，但当锁存数据为 1 时，I/O 口可提供持续的强上拉，如图 2-4 所示。强推挽输出模式一般用于需要更大驱动电流的情况，其结构如图 2-4 所示。

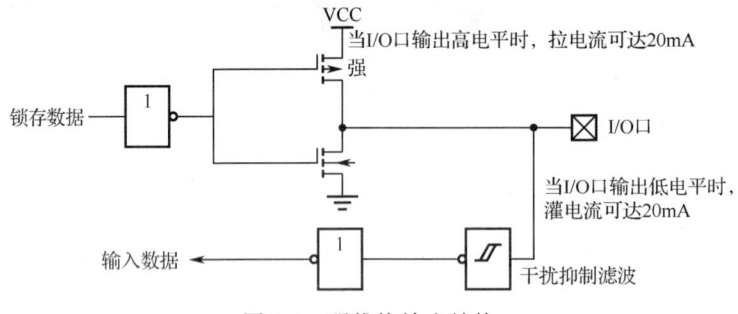

图 2-4　强推挽输出结构

（3）高阻输入模式：在高阻输入模式下，可直接从 I/O 口读入数据，其结构如图 2-5 所示。在该模式下，电流既不能流入也不能流出。

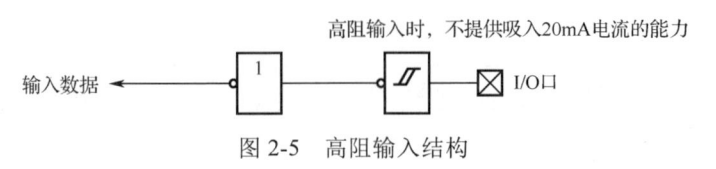

图 2-5　高阻输入结构

（4）开漏输出模式：开漏输出结构与强推挽输出结构、准双向口输出结构一致，输入电路与准双向口模式下的输入电路一致，但输出驱动无任何负载，即开漏状态，如图 2-6 所示。若要正确读取外部状态或对外输出高电平，需外加上拉电阻。

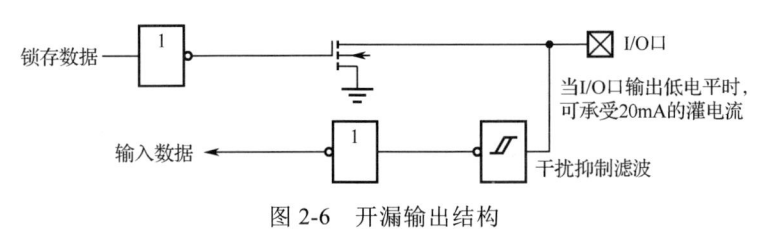

图 2-6　开漏输出结构

STC15 单片机设置不同的 I/O 口工作模式时，需要对 PxM1、PxM0 两个寄存器进行操作，如表 2-3 所示。

表 2-3　STC15 单片机 I/O 口的工作模式

控制信号		I/O 口工作模式
PxM1[7:0]	PxM0[7:0]	
0	0	准双向口模式（普通 51 模式），灌电流为 20mA，拉电流为 150～270μA
0	1	强推挽输出模式，输出电流可达 20mA，需外接限流电阻
1	0	仅为高阻输入模式，电流既不能流入也不能流出
1	1	开漏输出模式，内部上拉电阻断开，要外接上拉电阻才可以拉高输出电平

任务实施

任务 2-1-1　根据表 2-3 分别设置单片机 P00 引脚为准双向口、强推挽输出、高阻输入和开漏输出 4 种模式。

下面以将 P00 引脚设置为强推挽输出模式为例进行讲解，其他模式设置类似。P00 引脚的模式设置如表 2-4 所示。

表 2-4　P00 引脚的模式设置

寄存器	bit7	bit6	bit5	bit4	bit3	bit2	bit1	bit0
P0M1	0	0	0	0	0	0	0	0
P0M0	0	0	0	0	0	0	0	1

① 由表 2-4 可知，若将 P00 引脚设置为强推挽输出模式，则要将 P0M1 的 bit0 位设置为 "0"，P0M0 的 bit0 位设置为 "1"，其他位设置为 "0"。因此，需要将 P0M1 设置为 "0000 0000"，即 0x00，将 P0M0 设置为 "0000 0001"，即 0x01，可用 C 语言语句表示为

```
P0M1=0x00;P0M0=0x01;
```

② 将 P00 引脚设置为准双向口模式可用 C 语言语句表示为

P0M1=0x00;P0M0=0x00;

③ 将 P00 引脚设置为高阻输入模式可用 C 语言语句表示为

P0M1=0x01;P0M0=0x00;

④ 将 P00 引脚设置为开漏输出模式可用 C 语言语句表示为

P0M1=0x01;P0M0=0x01;

任务 2-1-2 设计电路图，要求使用单片机 I/O 口的输出电平驱动 LED。

设计方法一：采用低电平驱动 LED，如图 2-7 所示。将 I/O 口设置为准双向口模式，用灌电流驱动 LED，限流电阻的阻值尽量大于 1kΩ，最小不要小于 470Ω。

图 2-7 采用低电平驱动 LED

设计方法二：采用高电平驱动 LED，如图 2-8 所示。将 I/O 口设置为强推挽输出模式，用拉电流驱动 LED。

图 2-8 采用高电平驱动 LED

接下来讨论如何计算限流电阻的阻值。假设单片机的高电平 VCC 为 5V，低电平 GND 为 0V（后面设计都按此计算）。贴片式红色 LED 的压降是 1.82~1.88V，那么限流电阻两端的电压就为 3.12~3.18V，取中间值为 3.15V。为了使 LED 有合适的亮度和较长寿命，一般令其工作电流为 3mA，由欧姆定律可知，限流电阻阻值为 3.15V/3mA=1.05kΩ，所以采用 1kΩ 的限流电阻。

任务 2-1-3 设计电路图，要求使用单片机 I/O 口输出电平驱动电动机。

设计方法一：采用 PNP 型三极管（如 SS8550）驱动电动机，如图 2-9 所示。将 I/O 口设置为准双向口模式，用灌电流驱动 PNP 型三极管。当基极输入为低电平时，PNP 型三极管饱和导通；当基极输入为高电平时，PNP 型三极管截止。

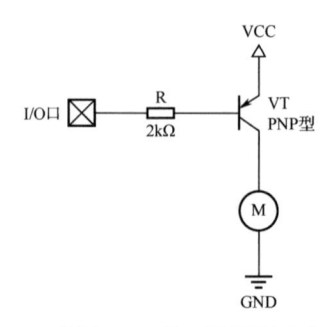

图 2-9 采用 PNP 型三极管驱动电动机

设计方法二：采用 NPN 型三极管（如 SS8050）驱动电动机，如图 2-10 所示。将 I/O 口设置为强推挽输出模式，用拉电流驱动 NPN 型三极管。当基极输入为高电平时，NPN 型三极管饱和导通；当基极输入为低电平时，NPN 型三极管截止。

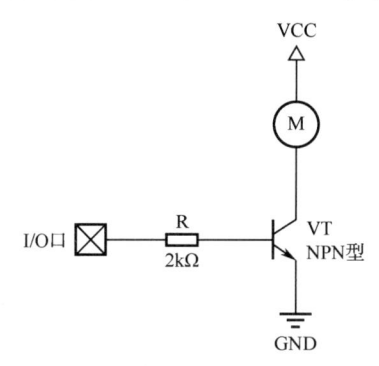

图 2-10 采用 NPN 型三极管驱动电动机

三极管的导通压降一般为 0.3V 左右，如果电动机的工作电流比较大，如超过 200mA，那么可将三极管改为 MOS 管，以大幅度提高额定电流，减少发热。另外，需要注意两种设计方法中，电动机接的位置不同。请思考：是否可以接在同一位置（都接在集电极或者都接在发射极）？

任务 2-1-4 借助单片机，用软件来控制 LED。采用任务 2-1-2 中的设计方法一，假设有 1 只 LED 接在单片机的 P00 引脚上，采用低电平驱动，实现点亮 LED。

C 语言代码如下：

```
1 #include <STC15F2K60S2.H>
2 #define   ALED1   P00
3
4 void main()
5 {
6     P0M0=0x00;
7     P0M1=0x00;
8     ALED1 =0;
9     while(1);
10 }
```

第 1 行：#include <STC15F2K60S2.H>为包含头文件指令。代码中引用头文件的意义可形象地理解为将该头文件中的全部内容放在引用头文件的位置处，避免每次编写同类程序时都要将头文件中的代码重复编写一次。

在代码中加入头文件有两种书写形式，分别是#include <STC15F2K60S2.H>和#include "STC15F2K60S2.H"，这两种形式有何区别？

当使用<xx.H>形式包含头文件时，编译器只会进入软件安装文件夹搜索该头文件，也就是说，如果软件安装文件夹下没有引用的头文件，则编译器会报错。当使用"xx.H"形式包含头文件时，编译器先进入当前工程所在的文件夹搜索该头文件，如果当前工程所在的文件夹下没有该头文件，则编译器再进入软件安装文件夹搜索该头文件，如果还是找不到，则编译器会报错。

由于"STC15F2K60S2.H"存在于软件安装文件夹下，因此通常将该头文件写成#include<STC15F2K60S2.H>的形式，当然也可以写成#include"STC15F2K60S2.H"。进行模块化编程时，一般写成"xx.H"的形式。例如，自己编写的头文件"LED.H"，可以写成#include"LED.h"。包含头文件主要是为了引用单片机的P0口，其实单片机中并没有P00~P03引脚，只是为了便于操作，给单片机的引脚起了4个别名P00~P03。为了深入了解，可以将鼠标放到#include<STC15F2K60S2.H>处右击，并在弹出的快捷菜单中单击"Open document <STC15F2K60S2.H>"命令打开该头文件，如图2-11所示。

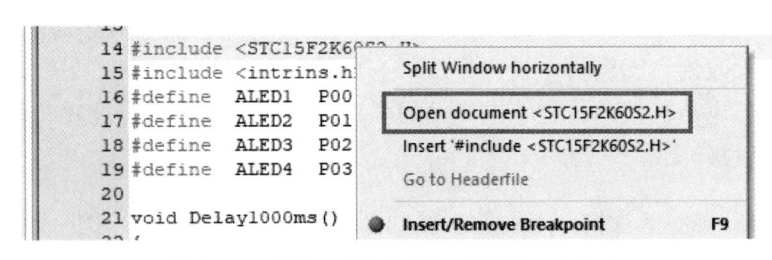

图2-11 打开"STC15F2K60S2.H"头文件

第2行：根据C语言的语法规则，#define ALED1 P00实际上是给P00寄存器定义了一个别名，方便在编程时为其赋予实际的意义，这是一个很好的习惯，在编写复杂程序时会起到事半功倍的效果。宏定义的指令为#define，它的作用是用一个字符串替换原有的字符串，既可以将其替换为常数，又可以将其替换为其他字符串。例如，#define PI 3.1415926表示将后面程序中所有的PI字符串用3.1415926替换。

第4行：任何一个C语言程序，有且只有一个main()函数，并且该函数是整个程序的入口。

第6~7行：设置单片机P00引脚的工作模式为准双向口模式。

第8行：ALED1=0即P00=0，而P00在"STC15F2K60S2.H"头文件中的定义如下：

sfr P0   = 0x80;
sbit P00 = P0^0;

该头文件中定义了STC15F2K60S2单片机内部所有的功能寄存器，用到了两个关键字sfr和sbit，如"sfr P0=0x80;"，意思是把单片机内部地址0x80处的寄存器重新起名为P0，P0口有8位（0x80~0x87）。但这8位（0x80~0x87）与P0毫无关系，当操作P0口时，实质是在操作0x80~0x87这8位寄存器。如果编写一句代码"P0=0x00;"，则等价于将从地址 0x80 开始的 8 位寄存器全部清 0，实际上只操作了 8 位。同理"P0^0=0;"将操作 P0 口的第 0 位，实际上只操作了 1 位。单片机内部通过数据总线将寄存器与 I/O 口相连，操作这些寄存器就可达到控制 I/O 口的目的。

第 9 行：一个 while 循环，本代码中，while 的条件是 1，即为真。只要满足条件，就可以进入 while 并执行里面的语句，这样程序就会一直在 while 中运行，即通常所说的大循环或者死循环。只要不断电、单片机没问题，就会无穷尽地运行下去。

最后编译生成 HEX 文件，下载到单片机中，实现点亮一只 LED。

课后拓展

1. 在图 2-12 中，用三极管驱动电动机的电路是否正确？请说明原因。

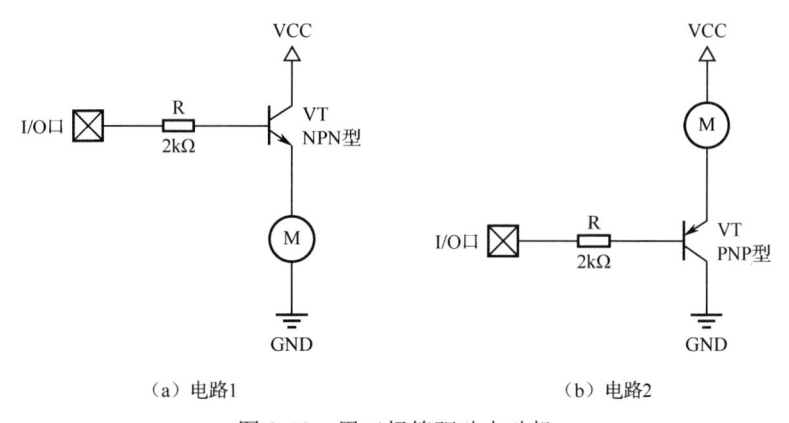

（a）电路1　　　　　　　　　　　　（b）电路2

图 2-12　用三极管驱动电动机

2. 假设有 1 只 LED 接在单片机的 P00 引脚上，采用高电平驱动，实现点亮 LED，请绘制电路图并编写程序。

任务 2-2　控制 LED 闪烁

工作任务

上个任务中我们实现了使用单片机 I/O 口驱动点亮一只 LED，那如何让这只 LED 闪烁起来呢？本任务要实现的功能是控制一只 LED 1s 闪烁一次，即 1s 亮，1s 灭。

思路指导

通过网络查阅 51 单片机软件仿真的相关知识，根据单片机执行一条指令需要花费的时间计算指令需要执行的次数，实现延时功能。

学习 STC-ISP 软件中延时函数相关参数的设置方法。

相关知识

1. 软件仿真

为了降低硬件成本，提高调试的快捷性，有时会先进行软件仿真。在 PCB 制作完成以后，进行软件、硬件联调时，如果遇到问题，则会考虑借助硬件仿真来调试程序和验证硬件的正确性。下面以延时函数为例，讲解单片机软件仿真的过程。

STC15 单片机的延时函数可以通过 STC-ISP 软件自动生成，生成步骤如图 2-13 所示。

（1）选中"软件延时计算器"选项卡，进入 STC15 单片机软件延时函数的参数设置界面。

（2）设置系统频率，该频率必须和程序下载时的频率一致，否则延时会不准确。

（3）输入定时长度，选择合适的单位，如微秒或毫秒。

（4）设置 8051 指令集为 STC-Y5，其适用于 STC15 单片机，其他型号的单片机需要选择其他指令集。

（5）单击"生成 C 代码"按钮。

为何 Delay100us()函数[①]能起到延时的作用？下面从仿真角度来说明。

① 在"Option for Target 'Target 1'"对话框中设置晶振频率为 12.0MHz，如图 2-14 所示。

[①] Delay100us()函数中的"us"应为"μs"，为与软件保持一致，文中仍使用"us"。

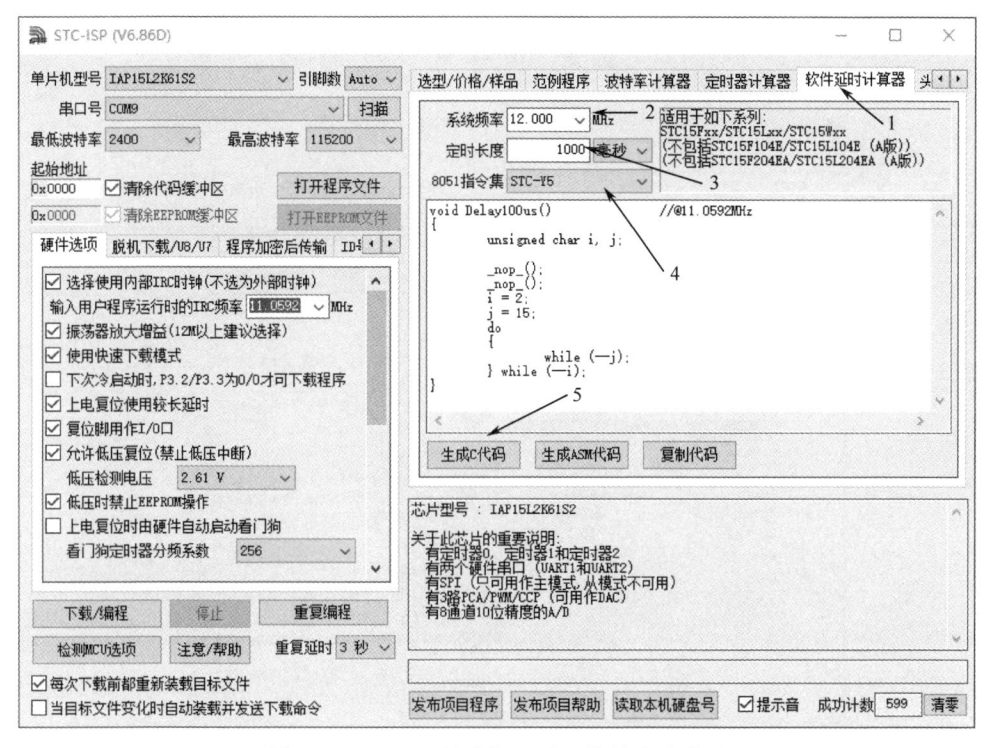

图 2-13　STC15 单片机延时函数的生成步骤

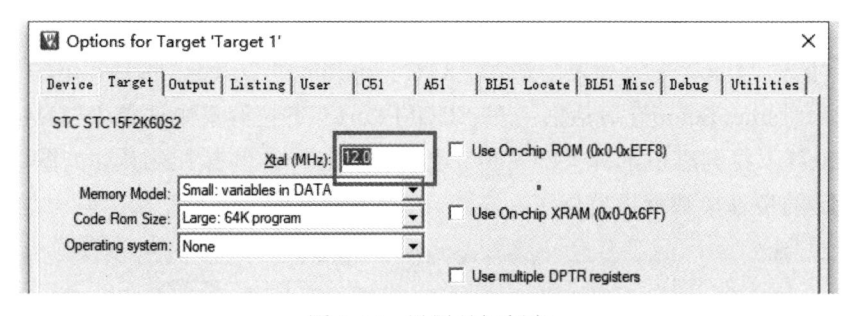

图 2-14　设置晶振频率

② 单击"Debug Session"按钮，进入软件仿真模式，如图 2-15 所示。这时程序运行 main()函数，时间变为 0.00006467s。

③ 单击"Step Over"按钮，程序运行 Delay100us()函数，时间变为 0.00015683s；运行时间为 t=0.00015683s-0.00006467s≈100μs。

2．硬件仿真

STC 公司出品的单片机分为两类：一类单片机的型号以 STC 开头；另一类单片机的型号以 IAP 开头。型号以 IAP 开头的单片机不仅是单片机，还是仿真器。所谓仿真器，就是具有在线硬件仿真功能的设备。

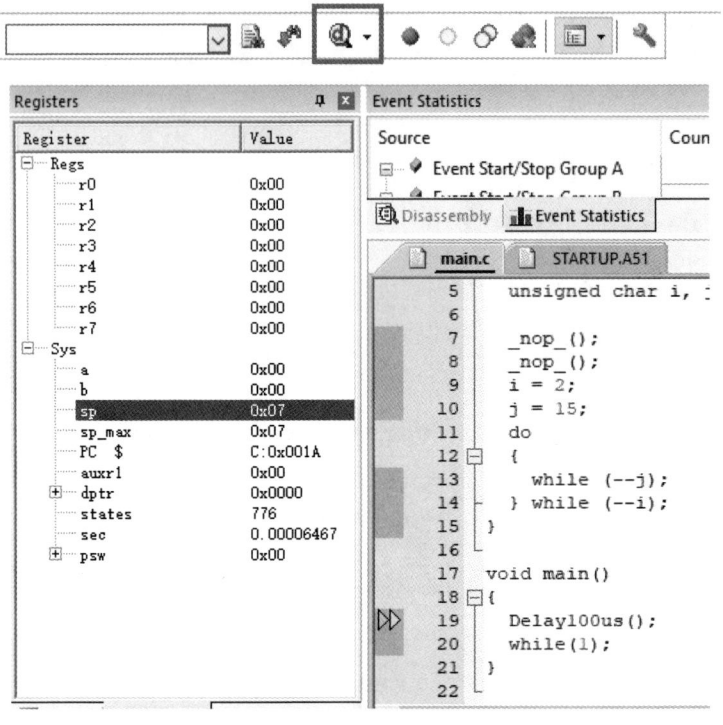

图 2-15 软件仿真模式

（1）打开"Options for Target 'Target1'"对话框，选中"Debug"选项卡，选中"Use"单选按钮，并在"Use"下拉列表中选择"STC Monitor-51 Driver"选项，单击"Settings"按钮，进入"Target Setup"对话框；在"COM Port"下拉列表中选择"COM4"选项，在"Baudrate"下拉列表中选择"115200"选项，单击"OK"按钮确认，如图 2-16 所示。至此，Keil5 的仿真参数就设置好了。

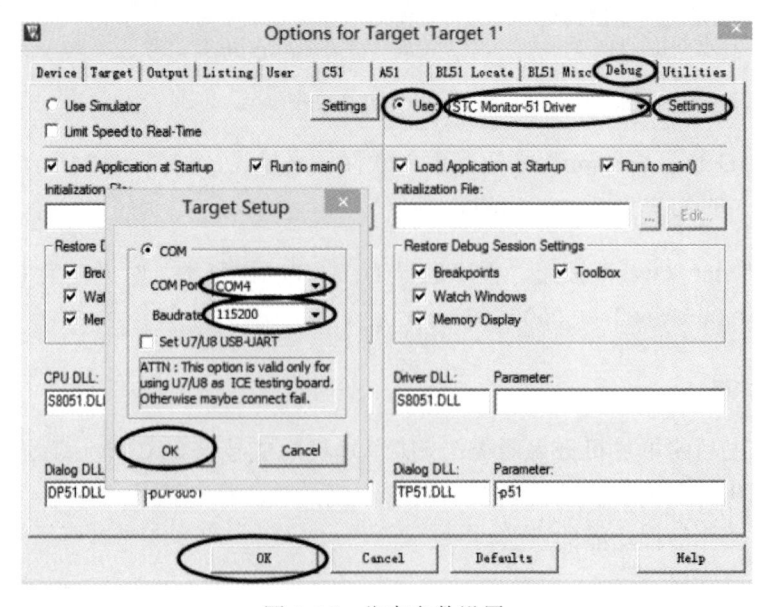

图 2-16 仿真参数设置

（2）选择仿真芯片——IAP15F2K61S2。

打开 STC-ISP 软件，选中"Keil 仿真设置"选项卡，单击"将 IAP15F2K61S2/IAP15L2K61S2 设置为仿真芯片（5.0V/3.3V 系统）"按钮，如图 2-17 所示。

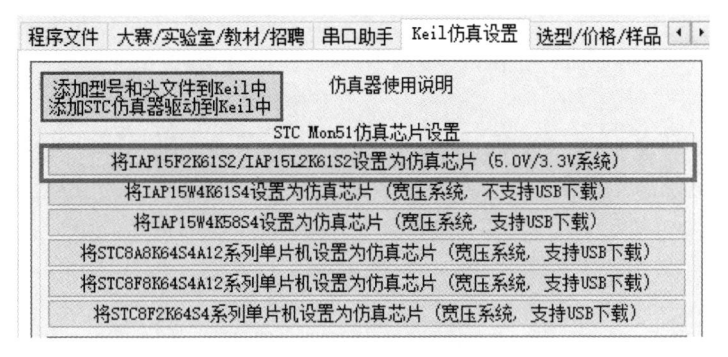

图 2-17　选择仿真芯片

（3）进入仿真对话框，打开 Keil5，选择需要仿真的工程，之后的仿真过程类似于软件仿真。

任务实施

编写程序，实现 LED 闪烁控制。要求：由单片机的 P00 引脚控制，低电平点亮 LED，1s 闪烁一次（系统时钟频率为 12MHz）。

延时函数可采用 STC-ISP 软件生成，方法如图 2-13 所示，也可通过以下代码生成。

```
void DelayMS(unsigned int ms)
{
unsigned int i;
do{
  i = MAIN_Fosc / 13000;
  while(--i);
}while(--ms);
}
```

同学们可以使用 STC 公司提供的延时库函数进行设置，其中 MAIN_Fosc 表示系统时钟频率，根据下载时实际选择的频率设置即可，如果下载时选择的频率为 12MHz，则该值为 12000000L。

下面对采用以上两种延时函数编写的控制 LED 闪烁的代码进行分析。

控制 LED 闪烁的代码 1 如下：

```
1 #include <STC15F2K60S2.H>
```

2 #include <intrins.h>
3 void Delay1000ms()   //系统时钟频率为12.000MHz，延时1000ms
4 {
5   unsigned char i, j, k;
6
7   _nop_();
8   _nop_();
9   i = 46;
10   j = 153;
11   k = 245;
12   do
13   {
14   do
15   {
16   while (--k);
17   } while (--j);
18   } while (--i);
19 }
20
21 void main()
22 {
23   P0M0=0x00;   //初始化 I/O 口
24   P0M1=0x00;
25   while(1)
26   {
27   P00=0;   //点亮 LED
28   Delay1000ms();   //延时 1s
29   P00=1;   //熄灭 LED
30   Delay1000ms();   //延时 1s
31   }
32 }

第 2 行：引入 "intrins.h" 头文件，本程序实际上是为了引入_nop_()函数。

第 23～24 行：初始化 I/O 口，将 P0 口设置为准双向口模式。

第 25～31 行：点亮 LED（第 27 行）→延时 1s（第 28 行）→熄灭 LED（第 29 行）→延时 1s（第 30 行），通过循环语句实现 LED 闪烁。

控制 LED 闪烁的代码 2 如下：

1 #include <STC15F2K60S2.H>
2 #define MAIN_Fosc 12000000L   //设置系统时钟频率

```
 3 void DelayMS(unsigned int ms)      //毫秒延时函数，形参 ms 用于设定延时的时间
 4 {
 5     unsigned int i;
 6     do{
 7             i = MAIN_Fosc/13000;
 8             while(--i);
 9         }while(--ms);
10 }
11 void main()
12 {
13     P0M0=0x00;                      //初始化 I/O 口
14     P0M1=0x00;
15     while(1)
16     {
17         P00=0;                       //点亮 LED
18         DelayMS(1000);               //延时 1s
19         P00=1;                       //熄灭 LED
20         DelayMS(1000);               //延时 1s
21     }
22 }
```

第 2 行：设置系统时钟频率为 12MHz（12000000L），L 表示数值为长整型。

第 3~10 行：延时函数，无返回值，形参为 ms，调用该函数后实现延时，ms=1000 表示延时 1s。

关于延时函数，需要注意以下几点。

（1）使用延时函数时，需要注意系统时钟频率。在不同的系统时钟频率下调用相同的延时函数，延时的时间不同。

（2）延时函数如果在 while 循环中被调用，需要注意整个程序的效率。如果有多个任务同时在 while 循环中运行，那么任务的运行效率就会很低。另外，也尽量不要在中断服务程序中调用延时函数。

课后拓展

1. 在 STC-ISP 软件中将延时函数设置为 2ms 延时。

2. 编写程序，实现 8 只 LED 闪烁控制。要求：由单片机的 P00~P07 引脚控制，低电平点亮 LED，2s 闪烁一次。

任务 2-3　跑马灯的设计

☛ 工作任务

2022 年北京冬奥会开幕式上呈现了令人惊艳的一幕，奥运五环"破冰而出"，徐徐升起，宛如夜空中璀璨的星。奥运五环惊艳亮相的背后，是艺术与科技的完美融合，整个奥运五环舞台实际上是无缝衔接的、面积超过 1 万平方米的 LED 显示屏。

在前面的任务中，我们实现了单只 LED 的闪烁，那么多只 LED 花样闪烁该如何实现呢？本任务利用 8 只 LED 实现跑马灯。

☛ 思路指导

通过网络学习 C 语言查表法，查阅数据在单片机中的存储方式，通过预先在单片机存储器中存入跑马灯的不同编码，运行程序时从单片机存储器中读取数据来实现实时显示，完成跑马灯的设计。

☛ 相关知识

1．单片机内部存储区段

Keil-C51 编译器对程序完成编译后会输出程序的 data、xdata 及 code 的大小，根据所选用的单片机片内资源，以该输出信息为依据，进行程序上的优化与调整，如图 2-18 所示。

```
Build Output
Rebuild target 'Target 1'
assembling STARTUP.A51...
compiling main.c...
linking...
Program Size: data=9.0 xdata=10 code=63
".\Objects\LED" - 0 Error(s), 0 Warning(s).
Build Time Elapsed:  00:00:01
```

图 2-18　编译后程序所占用的资源

data 为存储在可直接寻址的片内数据存储器的变量所占用的区段。默认状态下，声明定义的变量存储在 data 段，STC15 单片机的 data 段最大为 128B。

xdata 为存储在扩展数据存储器的变量所占用的区段，xdata 既可以是外部扩展的 SRAM，又可以是片内 SRAM。STC15 单片机内置了 SRAM 作为 xdata 可访问的区域。

code 为存储代码及被 code 关键字标注的常量数组、变量共同占用的区段。

程序编译完成后，生成的 HEX 文件大小并不表示程序中 code 段的大小，应该使用 Keil 报表中的 code 代表程序段大小，data 代表内部 RAM 的大小，xdata 代表内部扩展 RAM 的大小。

下面介绍几种常用的变量定义方式。

（1）内部数据存储变量定义。例如，"data char a=4;"表示在片内数据存储器中定义一个变量 a，其中 data 可以省略，写成"char a=4;"。

（2）扩展数据存储变量定义。当定义的数据量比较大时，如需要定义 1 个 512B 的串口数据缓冲区，那么使用内部数据存储变量定义数据空间是明显不够的，此时可以将变量定义在扩展数据存储器中，如 xdata char buf[512];表示在扩展数据存储器中定义一段数据，大小为 512B。

（3）代码数据存储变量定义：当定义的数据量比较大且数据不需要被修改时，如数码管段显编码，可以将数据定义在程序存储器中，如"code SEG_TAB[]={0xc0,0xf9,0xa4,0xb0,0x99,0x92,0x82,0xf8,0x80,0x90,0x88,0x83,0xc6,0xa1,0x86,0x8e};"，虽然定义在 code 段的变量不占用片内数据存储器空间，而是存储在程序存储器上，但需要注意的是，该变量只能被读取，不能被更改。

2．查表法

查表法是一种通过预计算结果并将其存储在表中来加快程序执行速度的方法。在 C 语言中，查表法通常用于加速数学计算或逐个计算过程。

下面以 $f(x)=x^2$ 为例，说明查表法的执行过程。

创建一个数组 table 来存储预先计算的 $f(x)$ 值，如果整数 x 的取值为{0,1,2,3,4,5,6,7,8,9,10}，则可以定义数组 table 为 char table[]={0,1,4,9,16,25,36,49,64,81,100}。当函数执行时，只需从数组 table 中找到 x 对应的数字即可，无须进行计算。这样极大地提高了计算速度，尤其是对于计算复杂度高的函数或需要大量迭代的计算。

针对 LED 不同的显示方式，我们也可以提前将需要显示的编码存入数组中，在需要显示的时候直接调用即可。

◆ 任务实施

8 只 LED 依次开始闪烁，可呈现跑马灯的效果，即 LED 像一匹骏马驰骋于开发板上，不同的时刻出现在不同的位置。需要注意的是，在同一时刻，只有一只 LED 是点亮的。

1．原理图设计

采用低电平驱动的方式，将 LED1～LED8 8 只 LED 分别接到 P00～P07 8 个 I/O 口上，如图 2-19 所示。

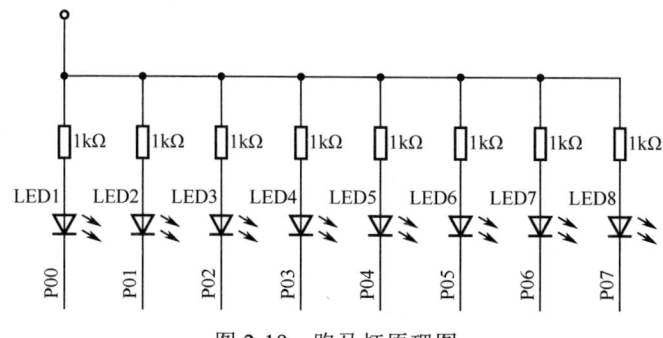

图 2-19 跑马灯原理图

2. 程序设计

跑马灯的代码如下：

```
1 #include <STC15F2K60S2.H>
2 code char run_led_table[]={0xfe,0xfd,0xfb,0xf7,0xef,0xdf,0xbf,0x7f};   //定义跑马灯 LED 编码表
3 #define MAIN_Fosc 12000000L          //定义系统时钟频率为 12MHz
4 void DelayMS(unsigned int ms)        //定义延时函数
5 {
    /*延时函数与任务 2-2 中的延时函数相同，省略*/
11 }
12 void main()
13 {
14     char i=0;
15     P0M0=0x00;                      //初始化 I/O 口
16     P0M1=0x00;
17     while(1)
18     {
19         for(i=0;i<8;i++)            //通过循环函数遍历跑马灯 LED 编码表
20         {
21             P0=run_led_table[i];
22             DelayMS(1000);          //延时 1s
23         }
24     }
25 }
```

第 2 行：采用数组定义跑马灯 LED 编码表，用于跑马灯的显示，run_led_table[]内的数据只能被读取，不能被更改，通过此种方法可以设计任何样式的 LED 显示方式。

第 3 行：使用 C 语言宏定义语句定义系统时钟频率为 12MHz。

第 19～23 行：通过循环函数遍历跑马灯 LED 编码表，依次从跑马灯 LED 编码表中读取出编码，赋值给 P0，每次赋值编码间隔 1s，从而呈现跑马灯效果。同学们可以考虑一下，如果 LED 连接的 I/O 口不是连续的，又该如何操作呢？

课后拓展

1．请将数组 char a[10]分别定义在片内数据存储器、扩展数据存储器和程序存储器中。

2．使用查表法实现跑马灯设计，要求使用单片机 P00、P03、P04、P06、P10、P23、P24、P26 8 个 I/O 口控制 LED 按照"1→2→3→4→5→6→7→8→7→6→5→4→3→2→1→……"的顺序循环点亮，每个状态停留 1s，循环不止。

任务 2-4　数码管的静态显示

➡ 工作任务

在前面的任务中,我们学会了使用查表法实现跑马灯设计,本任务继续学习查表法在数码管静态显示中的应用,通过单片机控制 8 个规律排列的 LED,从而显示不同的数字。

➡ 思路指导

查阅资料、数据手册,了解数码管的基本原理、类型和控制方式,使用查表法编写程序,控制数码管中不同 LED 的亮灭,从而显示不同的数字。

➡ 相关知识

数码管显示原理

1. 数码管的显示原理

数码管是由 8 只 LED 组合而成的显示装置,可显示 0~9 共 10 个数字及小数点,如图 2-20 所示。

图 2-20　数码管

数码管可分为共阳极和共阴极两种,共阳极数码管就是把所有 LED 的阳极连接到公共端 COM,而每只 LED 的阴极分别为 a、b、c、d、e、f、g 及 dp(小数点);同样地,共阴极数码管就是把所有 LED 的阴极连接到公共端 COM,而每只 LED 的阳极分别为 a、b、c、d、e、f、g 及 dp(小数点)。数码管的结构如图 2-21 所示。

常用的数码管如图 2-22 所示。

(a) 数码管　　　　　　　(b) 共阴极数码管　　　　　　(c) 共阳极数码管

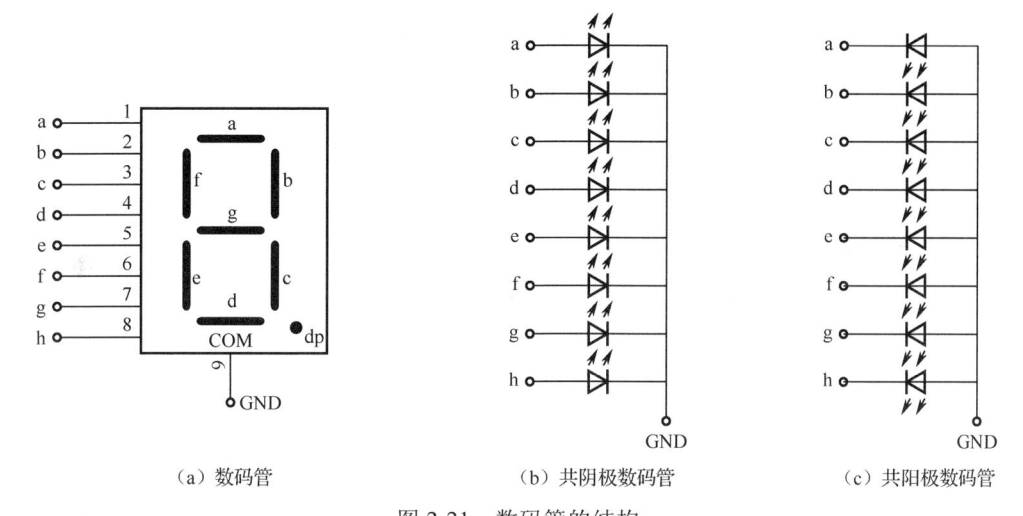

图 2-21　数码管的结构

图 2-22　常用的数码管

2．共阳极数码管

当使用共阳极数码管时，首先将 COM 端接至 VCC；然后在每只 LED 的阴极各接一个限流电阻，如图 2-23 所示。在数字电路中，限流电阻可使用 200～330Ω 的电阻，限流电阻的阻值越大，亮度越弱；限流电阻的阻值越小，亮度越强。

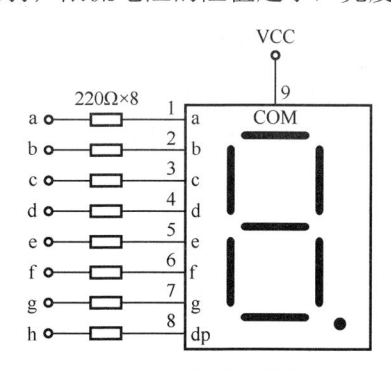

图 2-23　共阳极数码管的应用

若 a 连接在 STC15 单片机输出端口的最低位（LSB），dp 连接在 STC15 单片机输出端口的最高位（MSB），且希望小数点不亮，则共阳极数码管的驱动信号编码如表 2-5 所示。

表 2-5 共阳极数码管的驱动信号编码

数 字	（dp）gfedcba	十六进制数	显 示
0	11000000	0xc0	0
1	11111001	0xf9	1
2	10100100	0xa4	2
3	10110000	0xb0	3
4	10011001	0x99	4
5	10010010	0x92	5
6	10000010	0x82	6
7	11111000	0xf8	7
8	10000000	0x80	8
9	10010000	0x90	9

3．共阴极数码管

当使用共阴极数码管时，首先将 COM 端接地（GND）；然后在每只 LED 的阳极各接一个限流电阻，如图 2-24 所示。

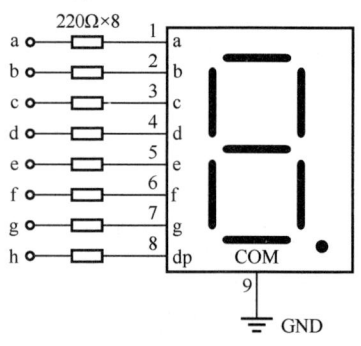

图 2-24 共阴极数码管的应用

若 a 连接在 STC15 单片机输出端口的最低位（LSB），dp 连接在 STC15 单片机输出端口的最高位（MSB），且希望小数点不亮，则共阴极数码管的驱动信号编码如表 2-6 所示。

表 2-6 共阴极数码管驱动信号编码

数 字	（dp）gfedcba	十六进制数	显 示
0	00111111	0x3f	0
1	00000110	0x06	1
2	01011011	0x5b	2
3	01001111	0x4f	3
4	01100110	0x66	4

续表

数 字	（dp）gfedcba	十六进制数	显 示
5	01101101	0x6d	5
6	01111101	0x7d	6
7	00000111	0x07	7
8	01111111	0x7f	8
9	01101111	0x6f	9

很明显，共阳极数码管的驱动信号编写与共阴极数码管的驱动信号编码刚好反相，只需使用其中一组驱动信号编码即可。如果所使用的编码与数码管的类型不符，则只需在程序的输出指令中加一个取反运算符即可。

任务实施

设计电路并编写程序：用 STC15 单片机的 P0 口驱动共阳极数码管，使用 220Ω 电阻作为限流电阻。功能要求：数码管上所显示的数字从 0 开始，每隔 0.5s 增加 1，增加到 9 后，再从 0 重新开始，如此循环不停。

1. 原理图设计

用 STC15 单片机的 P0 口驱动共阳极数码管的电路如图 2-25 所示。

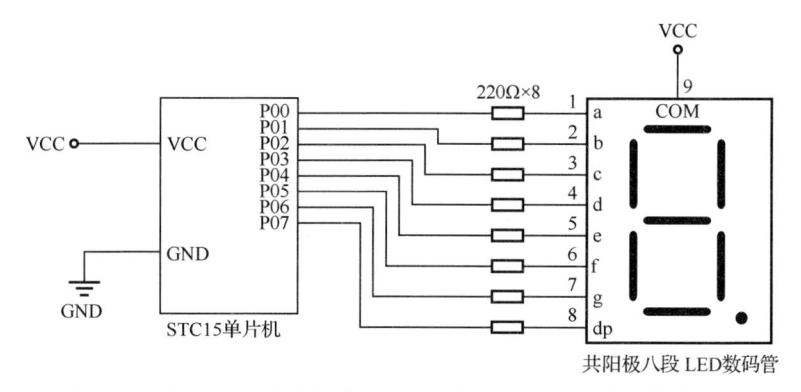

图 2-25 用 STC15 单片机的 P0 口驱动共阳极 LED 数码管的电路

由于电路驱动的是共阳极数码管，因此采用 I/O 口低电平驱动。由表 2-4 可知，编码时 dp 在高位，因此设计电路时将 STC15 单片机的 P07 引脚与 dp 相连，以方便设计程序时直接对 P0 口进行编码赋值，其他引脚的设计方式和驱动 LED 的方式相同，这里不再赘述。

2. 程序设计

用 STC15 单片机的 P0 口驱动共阳极数码管的代码如下：

```
1 #include <STC15F2K60S2.H>
2 #define MAIN_Fosc 12000000L        //定义系统时钟频率为12MHz
3 code char SEG[]={0xc0,0xf9,0xa4,0xb0,0x99,0x92,0x82,0xf8,0x80,0x90};
                                     //定义共阳极数码管的驱动信号编码
4 void DelayMS(unsigned int ms)      //定义延时函数
5 {
6     unsigned int i;
7     do{
8         i = MAIN_Fosc / 13000;
9     while(--i);
10    }while(--ms);
11 }
12 void main()
13 {
14    char i=0;
15    P0M0=0x00;                     //初始化 I/O 口
16    P0M1=0x00;
17    while(1)
18    {
19        for(i=0;i<10;i++)
20        {
21            P0=SEG[i];             //对 P0 口进行编码赋值
22            DelayMS(500);          //延时 0.5s
23        }
24    }
25 }
```

第3行：通过数组定义共阳极数码管显示0~9的编码，以备后续显示数字时查表使用，该数据采用code关键字进行定义，该数据只能被读取，不能被更改。

第21行：采用查表法对P0口进行编码赋值，dp对应于单片机的P07引脚，如果I/O口不连续，可采用C语言中的位操作对每个I/O口单独赋值。

课后拓展

设计电路并编写程序：用单片机P0口驱动共阴极数码管，其中使用220Ω电阻作为限流电阻。功能要求：共阴极数码管上所显示的数字从9开始，每隔0.5s减小1，减小到0后，再从9开始，如此循环不停。

任务 2-5　综合实训

➡ 工作任务

通过对前面任务的学习，我们已经学会了使用单片机 I/O 口控制 LED 和数码管，本任务为综合实训，将 LED 和数码管结合在一起，设计一个交通灯。

➡ 思路指导

通过复习单片机最小系统、跑马灯的设计和数码管的静态显示三个任务，对电路模块进行综合，完成交通灯的设计。

➡ 任务实施

设计一个交通灯电路，要求绿灯亮 5s，黄灯亮 2s，红灯亮 5s，以此循环，同时使用数码管显示倒计时时间。

1. 原理图设计

本设计中，采用三只不同颜色的 LED 模拟交通灯中的红灯、绿灯、黄灯，采用单个数码管显示交通灯的倒计时时间。交通灯的 LED 部分采用任务 2-3 中的方法进行设计，用低电平驱动点亮 LED；倒计时部分采用任务 2-4 中的方法进行设计；单片机最小系统采用 3.3V 电源进行供电；整个电路采用 STC15 单片机内置的晶振和复位电路，省去外围电路，节省成本。交通灯电路如图 2-26 所示。

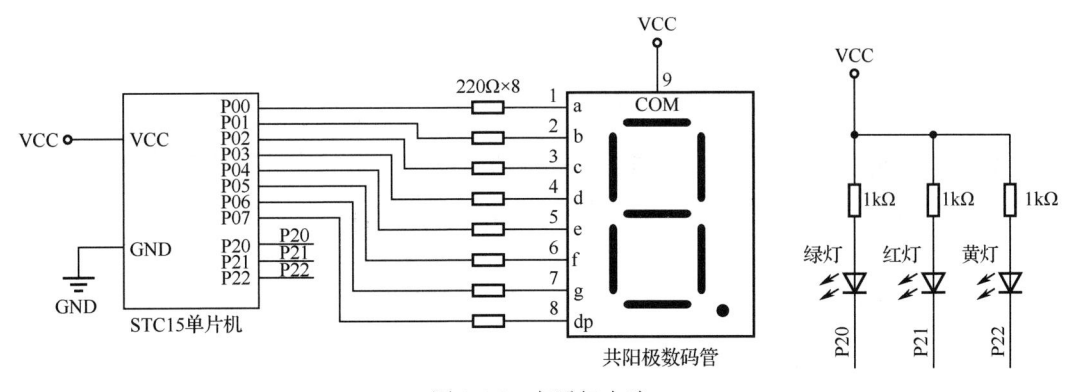

图 2-26　交通灯电路

2. 程序设计

由于交通灯电路根据当前交通灯的状态倒计时确定数码管的显示值，因此程序应使用循环结构。交通灯的程序流程图如图 2-27 所示。

(a) 主程序　　　　　　　　　　　　　(b) 绿灯、黄灯、红灯显示程序

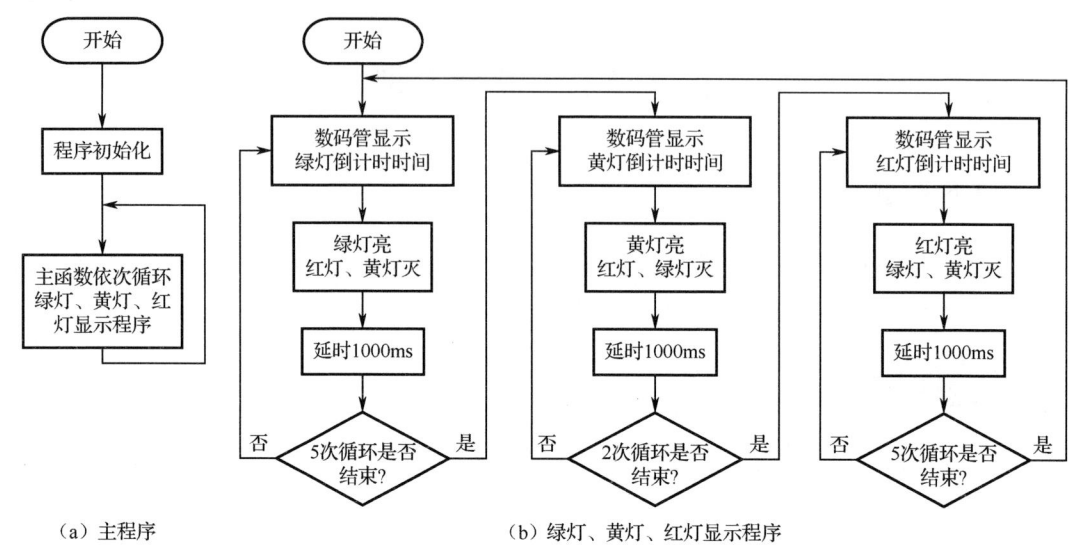

图 2-27　交通灯的程序流程图

交通灯的代码如下：

```
1 #include <STC15F2K60S2.H>
2 #define MAIN_Fosc 12000000L
3 #define GREEN_LED      P20
4 #define RED_LED        P21
5 #define YELLOW_LED     P22
6 code char SEG[]={0xc0,0xf9,0xa4,0xb0,0x99,0x92,0x82,0xf8,0x80,0x90};
                                   //定义共阳极数码管的驱动信号编码
7 void DelayMS(unsigned int ms)     //定义延时函数
8 {
        /*延时函数与之前相同，省略*/
14 }
15 void main()
16 {
17     char i=0;
18     P0M0=0x00;                    //共阳极数码管 I/O 口初始化
19     P0M1=0x00;
20     P1M0=0x00;                    //LED I/O 口初始化
21     P1M1=0x00;
22     while(1)
23     {
24         for(i=5;i>0;i--)          //绿灯显示程序
25         {
26             P0=SEG[i];            //显示绿灯倒计时时间
27             GREEN_LED=0;          //绿灯亮
```

28	RED_LED=1;	//红灯灭
29	YELLOW_LED=1;	//黄灯灭
30	DelayMS(1000);	//延时 1s
31	}	
32	for(i=2;i>0;i--)	//黄灯显示程序
33	{	
34	P0=SEG[i];	//显示黄灯倒计时时间
35	GREEN_LED=1;	//绿灯灭
36	RED_LED=1;	//红灯灭
37	YELLOW_LED=0;	//黄灯亮
38	DelayMS(1000);	//延时 1s
39	}	
40	for(i=5;i>0;i--)	//红灯显示程序
41	{	
42	P0=SEG[i];	//显示红灯倒计时时间
43	GREEN_LED=1;	//绿灯灭
44	RED_LED=0;	//红灯亮
45	YELLOW_LED=1;	//黄灯灭
46	DelayMS(1000);	//延时 1s
47	}	
48	}	
49	}	

第24～31行：通过变量i控制绿灯倒计时时间从5变为1，通过对P0赋值i后显示绿灯倒计时时间，同时绿灯亮，红灯和黄灯灭，再延时1s，以控制共阳极数码管显示的倒计时时间1s变化1次。

第32～39行：控制黄灯的显示，原理同第24～31行。

第40～47行：控制红灯的显示，原理同第24～31行。

课后拓展

采用EDA软件绘制交通灯电路的原理图和PCB图，制作PCB样板，焊接元器件，调试、下载程序，实现交通灯的设计。

单元小结

本教学情境以 LED 为对象，从点亮一只 LED 开始，首先通过增加单片机延时功能实现 LED 的闪烁，通过查表法控制不同编码实现跑马灯设计；然后讲解了数码管的显示原理和静态显示；最后综合 LED 和数码管设计了交通灯设计，通过上述 5 个任务详细介绍了 I/O 口的输出控制功能。

思考与练习

一、填空题

1．在 C 语言中，二进制数"1011 1100"的十六进制数表示为_____。

2．直插式 LED 可以通过引脚的长短来判别正负极，引脚长的一端为_____，引脚短的一端为_____，直插式 LED 的环氧树脂封装上有缺口的一端为_____。

3．俯视贴片式 LED，绿色标识宽的一端是_____，另一端是_____。

4．在准双向口模式下，STC15 单片机 I/O 口可输出的电流为_____，在强推挽输出模式下可输出的电流为_____。

5．数码管可分为_____和_____两种。

二、选择题

1．在 STC15 单片机中，如果使用高电平驱动点亮 LED，需要将 I/O 口设置为（　　）。

　A．准双向口模式　　　　　　　　B．强推挽输出模式

　C．高阻输入模式　　　　　　　　D．开漏输出模式

2．贴片式黄色 LED 的压降为（　　）。

　A．1.8V　　　B．1V　　　C．2.5V　　　D．3V

3．共阳极数码管显示"5"的编码为（　　）。

　A．0xa4　　　B．0xb0　　　C．0x99　　　D．0x92

4．若某数据在程序中被读取，但是不被更改，则对其进行定义时可以加一个（　　）关键字修饰。

　A．char　　　B．idata　　　C．code　　　D．data

5. STC15 单片机的 data 段最大为（   ）B。

A．128　　　　B．256　　　　C．2K　　　　D．4K

三、综合题

1. 简述 STC15 单片机 I/O 口的 4 种工作模式。

2. 简述单片机内部有哪些存储区段？并说出不同存储区段的功能。

3. 设计一个花样流水灯，要求：硬件电路有 8 只 LED 且连接至 STC15 单片机的 P0 口，采用高电平驱动，每间隔 1s 按 0x00、0x81、0x42、0x24、0x18、0xc3、0xe7、0xff 的数据形式点亮 LED，呈现流水灯效果。在图 2-28 中将一个循环周期的流水花样用笔描绘出来，图中白色的圆圈代表 LED 灭，涂黑代表 LED 亮。

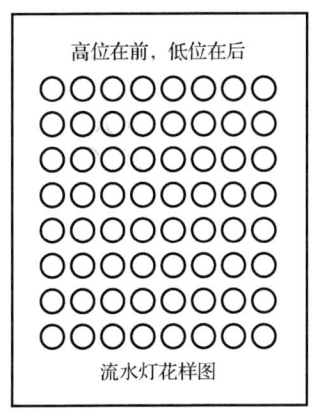

图 2-28　综合题 3 图

教学情境三 四路数字显示抢答器的设计

问题引入

在现代社会中,电子产品无处不在,种类繁多,功能日益强大。在设计这些产品时,一个至关重要的问题是它们的交互设计,尤其是按键的设计。按键作为用户与设备之间交互的桥梁,直接影响用户的使用体验。本教学情境旨在介绍如何通过单片机检测按键的输入,以实现人机交互的控制要求。

本教学情境通过三个任务详细介绍按键设计过程中的相关知识和技能要求,包括独立按键的检测、矩阵按键的检测和综合实训,使学生能循序渐进地掌握按键的设计原理,进而灵活掌握单片机 I/O 口的输入电平检测功能。

知识目标

1. 掌握独立按键的检测原理和设计方法。

2. 掌握按键的消抖原理和消抖方法。

3. 掌握矩阵按键的检测原理和设计方法。

4. 了解独立按键和矩阵按键的区别。

技能目标

1. 能够设计独立按键检测电路及检测程序。

2. 能够设计矩阵按键检测电路及检测程序。

3. 能够应用单片机 I/O 口的输入电平检测功能设计综合电路和控制程序。

任务 3-1 独立按键的检测

工作任务

随着现代电子技术的不断发展和普及，越来越多的人机交互应用出现，为我们的生活带来了极大的便利和改变，人们对于简单、直观的操作体验有了更高的期待。独立按键的设计正是在这样的背景下应运而生的。本任务学习如何通过独立按键控制其他外设的运行。

本任务以 IAP15L2K61S2 为主控芯片设计单片机控制电路并编程，实现用一个独立按键控制一只 LED 的亮灭。

思路指导

查阅相关数据手册，了解单片机 I/O 口输入模式的设置方法；学习按键的特性，结合单片机 I/O 口的输入特性，实现按键的检测。

相关知识

1. 独立按键

在单片机的外围电路中，通常用到的开关都是机械开关。当开关闭合时，线路导通；当开关断开时，线路断开。本任务使用按键作为开关，按下按键时电路闭合，松开按键后电路自动断开。按键结构图如图 3-1 所示。其中，3、4 脚和 1、2 脚为内部短路连接，切记不可将此两组引脚作为开关。本任务使用按键控制 LED 的亮灭，通常由按键设计的键盘分为：独立键盘和矩阵键盘。

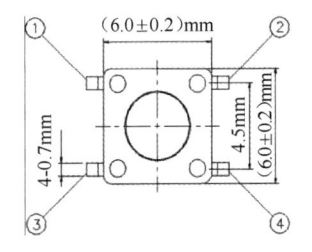

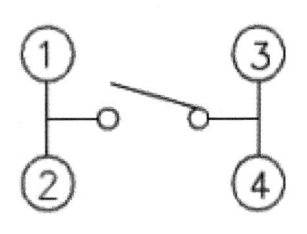

图 3-1 按键的结构图

每个按键单独占用一个 I/O 口，I/O 口的高低电平反映了对应按键的状态。单片机独立按键的检测原理：单片机的 I/O 口既可用作输出口，也可用作输入口，检测按键时利用的是它的输入功能。按键的一端接地，另一端与单片机的某个 I/O 口相连，同时在该引脚接入上拉电阻（STC15 单片机 I/O 口在准双向口模式下内部已经弱上拉，因此该电阻可以省略），即开始时先将该引脚置为高电平，然后利用单片机程序不断检测该引脚的电平是否变为低电平。当按键被按下时,该引脚通过按键与地相连,变为低电平。程序一旦检测到 I/O 口变为低电平,就说明按键被按下,然后执行相应的程序。按键与 I/O 口的连接示意图如图 3-2 所示。

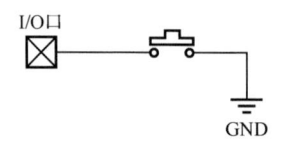

图 3-2 按键与 I/O 口的连接示意图

独立按键的检测流程如下。

(1) 查询是否有按键被按下。

(2) 查询哪个按键被按下。

(3) 执行被按下按键相应的处理程序。

2. 按键消抖的原理

按键被按下时,其触点电压变化如图 3-3(a)所示。从图 3-3(a)中可以看到,理想波形与实际波形之间是有区别的:实际波形在按下和释放的瞬间都有抖动现象。其原因是按键触点松开时,机械弹性装置会将触点弹回原位置。然而,在弹回过程中,由于机械弹性装置的特性,触点可能会在短时间内多次触发信号,导致按键抖动,抖动时间的长短和按键的机械特性有关,一般为 3~5ms。手动按下按键后立即释放,这个动作中稳定闭合的时间超过 20ms。因此,单片机在检测按键是否被按下时都要加上消抖操作,可采用专用的消抖电路,也可采用专用的消抖芯片。消抖操作一般可分为硬件消抖和软件消抖。

(1) 硬件消抖。

在按键较少时可采用硬件消抖,如图 3-3(b)所示。在图 3-3(b)中,两个与非门构成一个 RS 触发器,当按键未被按下时,RS 触发器的输出为 1;当按键被按下时,RS 触发器的输出为 0。除采用 RS 触发器消抖电路外,有时还可采用 RC 消抖电路。工程设计中为了节省成本,一般不采用硬件消抖。

(a) 按键的触点电压变化　　　　(b) 硬件消抖

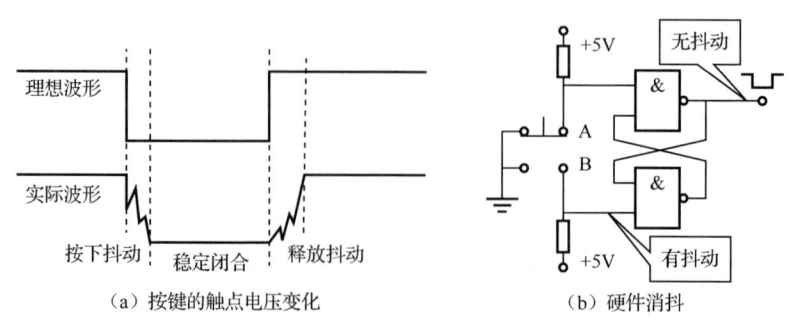

图 3-3 按键的触点电压变化和硬件消抖

（2）软件消抖。

当按键较多时，常用软件消抖，即检测到有按键被按下时执行一段延时程序，具体延时时间依机械性能而定，常用的延时时间是 3～5ms。按键抖动的这段时间内不进行检测，等到按键稳定后再读取 I/O 口电平；若按键稳定后检测到的电平仍然为闭合状态下的电平，则认为有按键被按下。

通常我们用软件延时的方法就能很容易地解决抖动问题，因此没有必要再添加多余的硬件消抖电路。

任务实施

使用按键控制 LED 的亮灭，当按键被按下时 LED 点亮，再次被按下时 LED 熄灭，其中按键由 P04 引脚控制，LED 由 P00 引脚控制，低电平点亮。

1. 原理图设计

使用按键控制 LED 的原理图如图 3-4 所示。

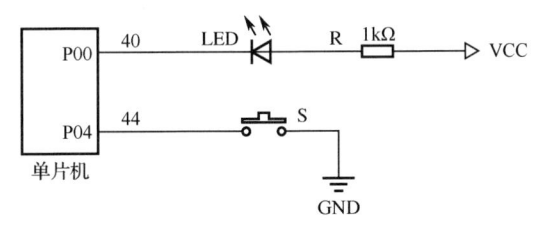

图 3-4 使用按键控制 LED 的原理图

根据图 2-7 和图 3-2，将 LED 和按键分别接到单片机的 P00 引脚和 P04 引脚上。

2. 程序设计

使用按键控制 LED 的代码如下：

```
1 #include <STC15F2K60S2.H>
2 #define MAIN_Fosc 12000000L        //定义系统时钟频率为 12MHz
3 #define KEY1 P04
4 #define LED1 P00
5 void DelayMS(unsigned int ms)      //定义延时函数
6 {
    /*延时函数与任务 2-2 中的延时函数相同，省略*/
12 }
13 void main()
14 {
15     char i=0;
```

```
16    P0M0=0x00;                    //初始化 I/O 口
17    P0M1=0x00;
18    while(1)
19    {
20      if(KEY1==0)                 //判断按键是否被按下
21      {
22          DelayMS(3);             //软件消抖
23          if(KEY1==0)             //再次判断按键是否被按下
24          {
25              LED1=!LED1;         //LED 翻转
26              while(KEY1==0);     //等待按键被释放
27          }
28      }
29    }
30 }
```

第 3～4 行：使用宏定义定义按键和 LED 对应的 I/O 口，后续编程应尽量采用这种方法定义 I/O 口，方便程序的阅读和移植。

第 20～23 行：判断 KEY1（P04 引脚）是否为低电平，如果 KEY1 为低电平，说明按键被按下，延时 3ms 进行消抖；再次判断 KEY1（P04 引脚）是否为低电平，如果 KEY1 仍为低电平，则确认按键被按下。

第 25 行：执行按键被按下后的程序，这里对 LED1（P00 引脚）进行取反操作，即 LED 灯的亮灭状态发生转换。

第 26 行：等待按键被释放，完成一次完整的按键检测。

此程序虽然可以完成简单的按键检测任务，但是如果程序任务繁重，并且实时性要求比较高，那么在程序中使用 DelayMS(3)进行消抖和使用 while(KEY1==0)判断按键释放就会影响程序的效率，后续学完单片机定时器后我们就可以解决这个问题。

课后拓展

请说出按键检测的流程，并写出按键检测程序的模板框架。如果有多个按键，该如何处理？

任务 3-2　矩阵按键的检测

工作任务

在数字时代的浪潮中，我们见证了无数革命性技术的诞生，它们不断影响着我们的工作和生活方式。在探索人机交互的无限可能性中，矩阵按键的引入对按键的拓展具有重要意义。矩阵按键通过将多个按键以矩阵形式排列，大大增加了设备上可用的按键数量，如计算器和遥控器的按键控制面板。

本任务以 IAP15L2K61S2 为主控芯片，使用 8 个 I/O 口控制 16 个按键，设计单片机控制电路并编程，实现用矩阵按键控制一个共阳极数码管的静态显示。

思路指导

通过网络查阅矩阵按键的扫描原理，结合单片机 I/O 口的输入输出特性，动态扫描实现矩阵按键的检测。

相关知识

1. 硬件分析

从前一个任务中我们得知，独立按键在设计的过程中，一个按键对应 1 个 I/O 口。若以相同的方式连接 16 个按键，则需占用 16 个 I/O 口，这不是很好的方法。对单片机电路而言，若需要使用多个按键，则通常会将这些按键组成矩阵阵列。例如，若需要使用 16 个按键，则将其排列成 4×4 矩阵阵列，称为矩阵按键，如图 3-5 所示。当按键 S1 被按下时，P20 和 P24 两根线就导通了。

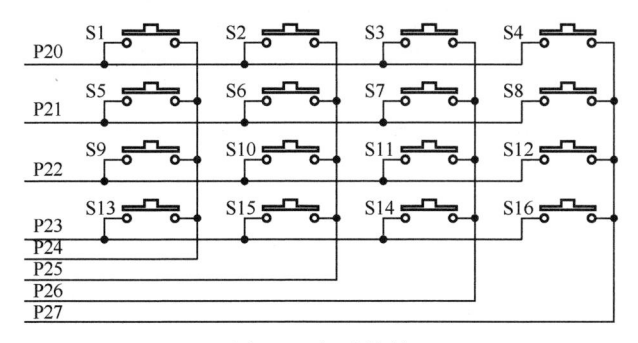

图 3-5　矩阵按键

2. 软件分析

矩阵按键一般有两种检测方法：行扫描法和高低电平翻转法。假设给 P2 口赋值 0xfe，那么 P27~P20 为 1111 1110，如果此时将 S1 按键按下，那么 P27~P20 将会变为 1110 1110，即 0xee，因为 S1 按键导通后，P24 引脚的电平将被 P20 引脚拉低，因此 P24 引脚也会变成低电平。

（1）行扫描法。

所谓行扫描法，就是先将 4 行按键中的某一行置为低电平，将别的行全部置为高电平，之后检测列对应的端口，若都为高电平，则没有按键被按下，否则有按键被按下，也可以将 4 列按键中的某一列置为低电平，将别的列全部置为高电平，之后检测行对应的端口，若都为高电平，则没有按键被按下，否则有按键被按下。行扫描法的具体方法如下。

首先，给 P2 口赋值 0xfe（1111 1110），这样只有第一行按键（P20 引脚）为低电平，别的行全为高电平，之后读取 P2 口的值，若 P2 口的值还是 0xfe，则没有按键被按下，若 P2 口的值不是 0xfe，则有按键被按下，具体是哪个按键被按下，由此时读到的值确定。如果值为 0xee（1110 1110），则表明被按下的按键是 S1；若值为 0xde（1101 1110），则表明被按下的按键是 S2（同理 0xbe→S3、0x7e→S4）。然后，给 P2 口赋值 0xfd（1111 1101），这样第二行按键（P21 引脚）为低电平，其余行全为高电平，读取 P2 口的值，若值为 0xfd，则表明没有按键被按下；若值为 0xed，则表明被按下的按键是 S5（同理 0xdd→S6、0xbd→S7、0x7d→S8）。这样依次将 P2 口赋值为 0xfb（检测第三行）、0xf7（检测第四行），就可以检测出 S9~S16 的状态。

（2）高低电平翻转法。

首先，使 P2 口高四位为 1，低四位为 0。若有按键被按下，则高四位中会有一个 1 翻转为 0，低四位不会变，此时即可确定被按下的按键的列位置。然后使 P2 口高四位为 0，低四位为 1。若有按键被按下，则低四位中会有一个 1 翻转为 0，高四位不会变，此时即可确定被按下的按键的行位置。将两次读到的数值按位进行或运算，就可以确定是哪个按键被按下了。下面举例说明。首先，给 P2 口赋值 0xf0；接着，读取 P2 口的值，若读取到的值为 0xe0，则表明第一列中有按键被按下；然后，给 P2 口赋值 0x0f 并读取 P2 口的值，若值为 0x0e，则表明第一行中有按键被按下，最后把 0xe0 和 0x0e 按位进行或运算，结果为 0xee，表明 S1 被按下。

任务实施

使用矩阵按键控制共阳极数码管，当按键 S1 被按下后，共阳极数码管显示 0；当按键 S2 被按下后，共阳极数码管显示 1；……；依次类推。其中，矩阵按键由 P2 口控制，共阳极数码管由 P0 口控制。

1. 原理图设计

用矩阵按键控制共阳极数码管的原理图如图 3-6 所示。

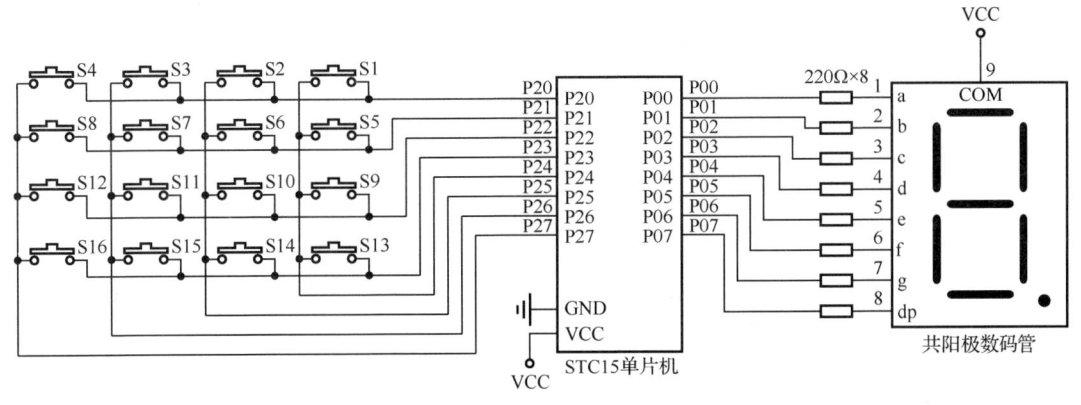

图 3-6 用矩阵按键控制共阳极数码管的原理图

采用行扫描法时，I/O 口作为输入口。如果 STC15 单片机 I/O 口作为输入口时没有上拉功能，则需要在外部添加上拉电阻，否则无法读取高电平；如果 STC15 单片机 I/O 口内部已经有上拉功能，则可以省去外部的上拉电阻。如果将 STC15 单片机的 I/O 口设置为准双向口模式，则内部有弱上拉功能，外部上拉电阻可以省略；如果将 STC15 单片机的 I/O 口设置为高阻输入模式，则内部无上拉功能，需要在 P04～P07 引脚接入 10kΩ 上拉电阻。

2．程序设计

（1）采用行扫描法实现矩阵按键控制共阳极数码管的代码如下：

```
1   #include <STC15F2K60S2.H>
2   #define MAIN_Fosc 12000000L      //定义系统时钟频率为12MHz
3   #define KEYPORT P2               //定义矩阵按键 I/O 口
4   #define SMGPORT P0               //定义共阳极数码管 I/O 口
5   code char SEG[] =
        {0xc0,0xf9,0xa4,0xb0,0x99,0x92,0x82,0xf8,0x80,0x90,0x88,0x83,0xc6,0xa1,0x86,0x8e};
                                     //共阳极数码管的驱动信号编码
6   void DelayMS(unsigned int ms)    //定义延时函数
7   {
8       unsigned int i;
9       do{
10          i = MAIN_Fosc / 13000;
11          while(--i);
12      }while(--ms);
13  }
14  char ScanKey(void)
15  {
16      char Temp;
17      char KeyNum=16;
```

```
18    KEYPORT = 0xfe;                     //检测第一行按键
19    Temp = KEYPORT;                     //读取 P2 口的值
20    if(Temp != 0xfe)                    //若不等于 0xfe，则表明有按键被按下
21    {
22        DelayMS(3);                     //软件消抖
23        Temp = KEYPORT;                 //读取 P2 口的值
24        if(Temp != 0xfe)                //再次判断
25        {
26            Temp = KEYPORT;             //读取 P2 口的值
27            switch(Temp)                //判断键值对应的按键
28            {
29                case 0xee:KeyNum = 0;break;
30                case 0xde:KeyNum = 1;break;
31                case 0xbe:KeyNum = 2;break;
32                case 0x7e:KeyNum = 3;break;
33            }
34            while(KEYPORT != 0xfe);      //按键释放检测
35        }
36    }
37    KEYPORT = 0xfd;
38    Temp = KEYPORT;
39    if(Temp != 0xfd)
40    {
41        DelayMS(3);
42        Temp = KEYPORT;
43        if(Temp != 0xfd)
44        {
45            Temp = KEYPORT;
46            switch(Temp)
47            {
48                case 0xed:KeyNum = 4;break;
49                case 0xdd:KeyNum = 5;break;
50                case 0xbd:KeyNum = 6;break;
51                case 0x7d:KeyNum = 7;break;
52            }
53            while(KEYPORT != 0xfd);
54        }
55    }
56    KEYPORT = 0xfb;
57    Temp = KEYPORT;
58    if(Temp != 0xfb)
```

```
59    {
60        DelayMS(3);
61        Temp = KEYPORT;
62        if(Temp != 0xfb)
63        {
64            Temp = KEYPORT; switch(Temp)
65            {
66                case 0xeb:KeyNum = 8;break;
67                case 0xdb:KeyNum = 9;break;
68                case 0xbb:KeyNum = 10;break;
69                case 0x7b:KeyNum = 11;break;
70            }
71            while(KEYPORT != 0xfb);
72        }
73    }
74    KEYPORT = 0xf7;
75    Temp = KEYPORT;
76    if(Temp != 0xf7)
77    {
78        DelayMS(3);
79        Temp = KEYPORT;
80        if(Temp != 0xf7)
81        {
82            Temp = KEYPORT;
83            switch(Temp)
84            {
85                case 0xe7:KeyNum = 12;break;
86                case 0xd7:KeyNum = 13;break;
87                case 0xb7:KeyNum = 14;break;
88                case 0x77:KeyNum = 15;break;
89            }
90            while(KEYPORT != 0xf7);
91        }
92    }
93    return KeyNum;
94 }
95 void main()
96 {
97    char i=0;
98    char KeyVal;
99    P0M0=0x00;                    //初始化共阳极数码管 I/O 口
```

```
100    P0M1=0x00;
101    P2M0=0x00;                              //初始化矩阵按键 I/O 口
102    P2M1=0x00;
103    while(1)
104    {
105        KeyVal = ScanKey();                 //按键扫描后返回按键键值
106        if(KeyVal!=16)                      //若按键键值为16，则表明没有按键被按下
107        {
108            SMGPORT=SEG[KeyVal];
109        }
110    }
```

（2）采用高低电平翻转法实现矩阵按键控制共阳极数码管的部分代码如下：

```
1  char ScanKey(void)
2  {
3      char RowTemp,ColumnTemp,RowColTemp,KeyNum;
4      KEYPORT = 0xf0;                          //给高四位赋高电平
5      RowTemp = KEYPORT & 0xf0;                //读取行值，确定是哪一行
6      if((KEYPORT & 0xf0) != 0xf0)
7      //判断是否有按键被按下
8      {
9          DelayMS(3);                          //消抖
10         if((KEYPORT & 0xf0)!= 0xf0)
11         {
12             RowTemp = KEYPORT & 0xf0;        //确认有按键被按下，那么读取行值
13             KEYPORT = 0x0f;                  //给低四位赋高电平
14             ColumnTemp = KEYPORT & 0x0f;     //读取列值，确定是哪一列
15             RowColTemp = RowTemp | ColumnTemp;
16             //对行值、列值按位进行或运算，从而确定按键的位置
17             while((KEYPORT & 0x0f) != 0x0f); //松手检测
18         }
19     }
20     switch(RowColTemp)                       //确定按键
21     {
22         case 0xee: KeyNum = 0; break;
23         case 0xde:    KeyNum = 1; break;
24         case 0xbe:    KeyNum = 2; break;
25         case 0x7e:    KeyNum = 3; break;
26         case 0xed:    KeyNum = 4; break;
27         case 0xdd:    KeyNum = 5; break;
```

28	case 0xbd:	KeyNum = 6; break;
29	case 0x7d:	KeyNum = 7; break;
30	case 0xeb:	KeyNum = 8; break;
31	case 0xdb:	KeyNum = 9; break;
32	case 0xbb:	KeyNum = 10; break;
33	case 0x7b:	KeyNum = 11; break;
34	case 0xe7:	KeyNum = 12; break;
35	case 0xd7:	KeyNum = 13; break;
36	case 0xb7:	KeyNum = 14; break;
37	case 0x77:	KeyNum = 15; break;
38	default:	KeyNum = 16; break;
39	}	
40	return KeyNum;	
41	}	

高低电平翻转法其他部分的代码与行扫描法相同，使用此方法时需要注意：高四位、低四位的输入和输出模式正好是相反的，即高四位为输出时低四位为输入，低四位为输出时高四位为输入。因此，对某些单片机（如 STM32）来说，在使用高低电平翻转法时，需要进行 I/O 口工作模式的切换，即在上述代码的第 12 行和第 13 行之间增加 I/O 口工作模式切换语句，此时需要在中间添加一定的延时（5~10 个时钟周期），以避免读取数据错误。

无论是独立按键检测还是矩阵按键检测，目前我们编写的程序中还存在缺陷，请同学们考虑以下两个问题。

问题一：按键检测程序中我们都使用了 DelayMS(3) 函数进行消抖，3ms 时间是长还是短呢？单片机执行一条指令的时间是 μs 级别的，因此 3ms 时间内单片机能做非常多的事情，而 DelayMS(3) 函数却没有做任何事情，因此采用这种方法时，程序的效率就变得非常低，如果程序中还有其他任务，就会出现"卡顿"现象。

问题二：按键检测程序中我们都使用了 while 语句判断按键的释放动作，因此当按键被按下后，在不释放的情况下，程序就会出现"死机"现象。

针对以上问题，学完定时器以后才能解决，这里需要同学们注意的是，当我们写完一个程序时，应多思考程序执行效率是否高、如何才能使程序更加健壮，这样才能成为优秀的嵌入式工程师。

课后拓展

1. 请说出行扫描法和高低电平翻转法编程的原理。

2. 如果按键连接的 I/O 口和共阳极数码管连接的 I/O 口顺序是乱的（没有按顺序接在 P2 口和 P0 口上，而是随意连接 I/O 口），程序该如何处理？

任务 3-3　综合实训

➡ 工作任务

抢答器作为一种促进互动、提高参与度的工具，已经被广泛应用于教育、培训及团队建设等各种场合。它不仅增强了传统抢答游戏的趣味性和公平性，还通过数字化的方式实现了实时反馈和精确计时，提高了互动环节的效率和科技感。

本任务以 IAP15L2K61S2 为主控芯片，完成四路数字显示抢答器的设计。通过综合训练，掌握单片机 I/O 口作为输入口的使用方法，熟练掌握用 C 语言编写单片机程序的方法，学习按键识别电路及编程方法。

➡ 思路指导

复习数码管的静态显示及独立按键的检测，结合四路数字显示抢答器的要求，完成其功能设计。

➡ 任务实施

应用 IAP15L2K61S2 及简单的外围电路设计制作一个四路数字显示抢答器。要求：当按下"开始"按键后，选手进行抢答，使用 1 个数码管显示最先按下按键选手（抢答者）的号码，并保持到下一次抢答开始。

1. 原理图设计

在常见的娱乐及知识问答节目中，抢答是一种娱乐性、竞争性较强的形式，也是比较吸引人的环节。本任务将 IAP15L2K61S2 的 P0 口用作输出口，控制数码管显示抢答者的号码；将 IAP15L2K61S2 的 P2 口用作输入口，使用 P20～P23 引脚连接 4 个独立按键。当有选手按下按键时，系统将其他选手的抢答信号屏蔽，抢答者号码的识别和显示通过程序实现。

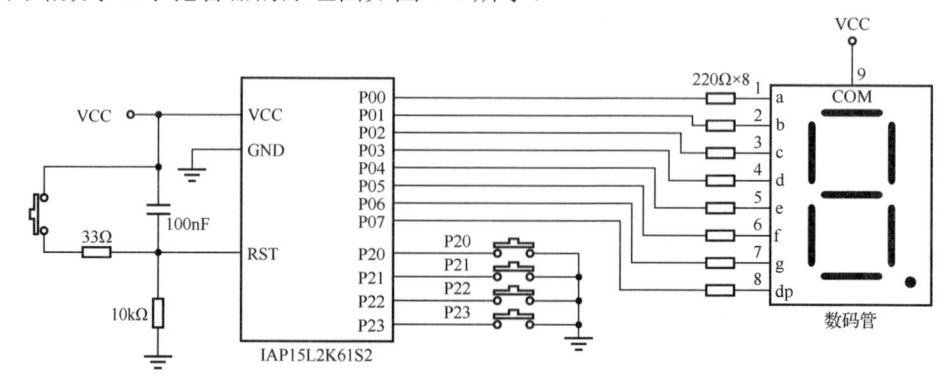

四路数字显示抢答器的原理图如图 3-7 所示。

图 3-7　四路数字显示抢答器的原理图

2. 程序设计

数码管上的数字要根据按键的识别情况进行显示，因此程序应使用分支结构。四路数字显示抢答器的程序流程图如图 3-8 所示。

(a) 主函数　　　　　　　　　(b) 按键检测子程序　　　　　　　　(c) 按键检测

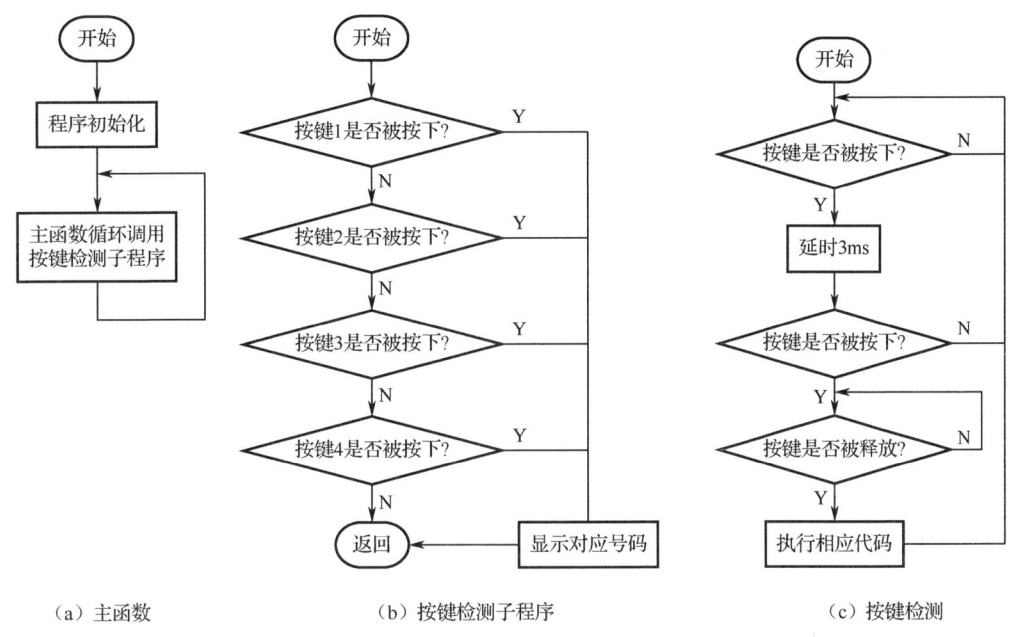

图 3-8　四路数字显示抢答器的程序流程图

四路数字显示抢答器的代码如下：

```
1 #include <STC15F2K60S2.H>
2 #define MAIN_Fosc 12000000L          //定义系统时钟频率为12MHz
3 #define KEY1 P20                     //定义按键 I/O 口
4 #define KEY2 P21
5 #define KEY3 P22
6 #define KEY4 P23
7 #define SEG_PORT P0
8 code char SEG[]={0xff,0xf9,0xa4,0xb0,0x99};   //定义数码管编码表：全灭、1、2、3、4
9 char DisNum=0;
10
11 void DelayMS(unsigned int ms)        //定义延时函数
12 {
    /*延时函数与任务 2-2 中相同，省略*/
18 }
19
20 void KeyScan()                       //按键检测子程序
21 {
22     if(DisNum!=0) return;            //如果已经有选手抢答，则不再检测按键
```

```
23        if(KEY1==0)                    //判断按键1是否被按下
24          {
25              DelayMS(3);              //按键消抖
26              if(KEY1==0)              //再次判断按键1是否被按下
27              {
28                  while(KEY1==0);      //等待按键被释放
29                  DisNum=1;
30                  return;
31              }
32          }
33        if(KEY2==0)
34          {
35              DelayMS(3);
36              if(KEY2==0)
37              {
38                  while(KEY2==0);
39                  DisNum=2;
40                  return;
41              }
42          }
43        if(KEY3==0)
44          {
45              DelayMS(3);
46              if(KEY3==0)
47              {
48                  while(KEY3==0);
49                  DisNum=3;
50                  return;
51              }
52          }
53        if(KEY4==0)
54          {
55              DelayMS(3);
56              if(KEY4==0)
57              {
58                  while(KEY4==0);
59                  DisNum=4;
60                  return;
61              }
62          }
63    }
```

```
64  void main()
65  {
66      char i=0;
67      P0M0=0x00;              //初始化数码管 I/O 口
68      P0M1=0x00;
69      P2M0=0x00;              //初始化按键 I/O 口
70      P2M1=0x00;
71      while(1)
72      {
73          KeyScan();          //按键检测子程序
74          SEG_PORT=SEG[DisNum]; //显示抢答者的号码
75      }
76  }
```

第 8 行：使用查表法定义数码管的 5 个显示状态，分别为"全灭""1""2""3""4"。

第 9 行：DisNum 为抢答者的号码，初始值为 0，即数码管不显示任何值，当有选手按下按键后，DisNum 的值更改为其对应的号码。

第 22 行：根据 DisNum 判断是否已经抢答完毕，如果 DisNum 不为 0，表示已经有选手抢答，后面其他选手按下按键时则无效，抢答结束。

第 23～32 行：这几行为按键 KEY1 的检测程序，具体实现可参考任务 3-1，确认按键被按下后，设置 DisNum 为 1，其他三个按键的检测程序与其一致。

第 74 行：通过 DisNum 设置 SEG_PORT 端口，在数码管上显示 DisNum 的值，即显示抢答者的号码。

程序的执行过程：单片机上电或执行复位操作后，从主程序开始执行。执行主程序前，先进行相关初始化并定义 P2 口的 P20～P23 引脚连接 4 个按键，分别命名为 KEY1～KEY4。进入主程序，然后执行 while 循环。在 while 循环中，先执行按键扫描子程序，再执行"SEG_PORT=SEG[DisNum];"，将 DisNum 的值送至数码管进行显示。

按键检测子程序的执行过程：先检测抢答是否已经结束，如果 DisNum 不为 0，则说明抢答结束，不再检测按键。否则，检测按键 1 是否被按下，若已被按下（KEY1==0），则进入当前 if 语句循环体；若没有被按下（KEY1 != 0），则执行下一条 if 语句，判断按键 2 是否被按下。进入当前 if 语句循环体后，先利用延时函数消除按键的抖动，再判断按键的状态。若消抖后按键依然是被按下的状态，则等待按键被释放，按键被释放后，将要显示的数字赋给 DisNum，然后退出按键检测子程序；若消抖后按键不是被按下的状态，则说明刚才的判断是误操作，直接退出当前循环。一次抢答结束后，主持人通过复位按键进行显示数据的消除，等待下一次抢答开始。

本程序使用了 RST 引脚的复位功能，因此在下载程序的时候，需要在 STC-ISP 软件中取消勾选"复位脚作 I/O 口"复选框，如图 3-9 所示。

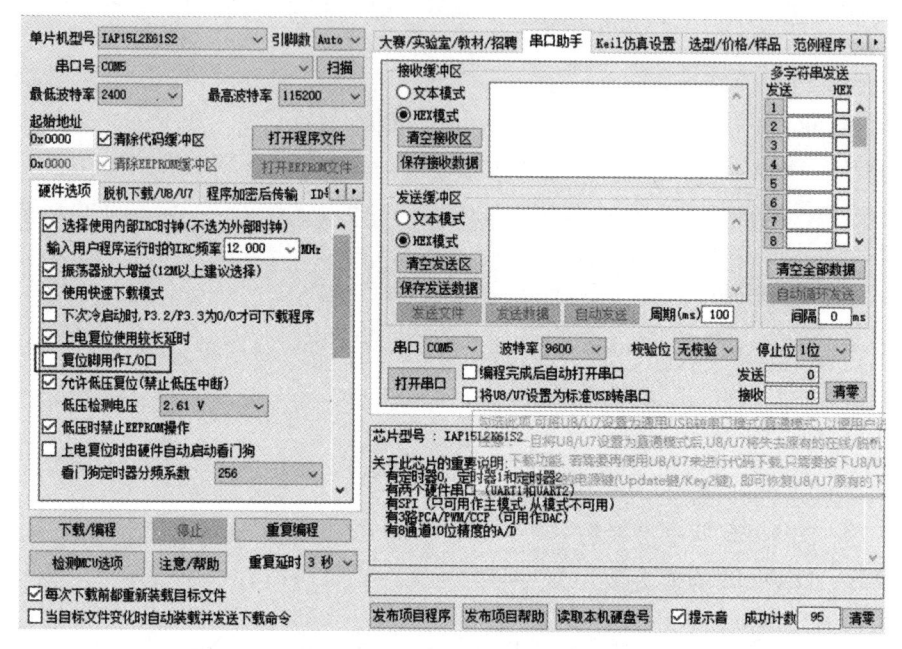

图 3-9　取消勾选"复位脚作 I/O 口"复选框

●●● 课后拓展

采用 EDA 软件绘制四路数字显示抢答器的原理图和 PCB 图，制作 PCB 样板、焊接元器件、调试、下载程序，实现四路数字显示抢答器的设计。

单元小结

本教学情境以按键为对象，从独立按键的检测开始，讲解了按键的基本原理，分析了按键在实际操作过程中产生抖动的原因，给出了软件消抖和硬件消抖的方法。为在单片机 I/O 口有限的情况下进一步扩展按键的数量，讲解了矩阵按键的设计方法，分析了采用行扫描法和高低电平翻转法时的两种程序设计方法。最后综合前面所学知识，讲解了四路数字显示抢答器的设计，使同学们能灵活应用所学知识解决实际问题。

思考与练习

一、填空题

1. 通常由按键设计的键盘分为_____和_____。

2. 当 STC15 单片机的 I/O 口用于检测时，一般将 I/O 口设置为_____或_____模式。

3. 按键抖动时间的长短和按键的机械特性有关，一般为_____ms，可采用_____和_____方法消抖。

4. 矩阵按键和独立按键相比，主要解决的问题是_____。

5. 矩阵按键的检测方法一般可分为_____和_____。

二、填空题

1. 下列关于图 3-1 所示按键的说法中，正确的是（　　）。

    A．1、2 脚为开关　　　　　B．3、4 脚为开关

    C．1、3 脚之间短路　　　　D．1、3 脚为开关

2. 要设计 25 个按键，可以采用下面哪种矩阵按键？（　　）

    A．4×4 矩阵　　B．4×5 矩阵　　C．5×5 矩阵　　D．4×6 矩阵

3. 当将 STC15 单片机的 I/O 口设置为准双向口模式时，其内部具有（　　）功能。

    A．弱上拉　　B．强上拉　　C．高阻　　D．开漏

4. 用软件程序进行按键处理时，下列哪一项不是必需的？（　　）

    A．进入中断　　B．延时消抖　　C．等待释放　　D．三项都必需

5．采用行扫描法识别有效按键时，如果读入的列值不全为1，则说明（　　）。

A．有按键被按下　　　　　　　B．一个按键被按下

C．多个按键被按下　　　　　　D．没有按键被按下

三、综合题

1．按键消抖的原理是什么？请编写一段延时5ms的按键消抖程序。

2．在本教学情境三个任务编写的按键检测程序中，如果按键一直被按下，会出现什么现象？程序如何运行？

3．利用switch-case语句编写四路数字显示抢答器的控制程序。

教学情境四　电子秒表的设计

问题引入

在单片机的诸多功能中，时间控制是至关重要的一环。设计程序时，时间控制发挥着不可或缺的作用。在前文的编程实践中，我们常用 DelayMS()函数来延迟程序执行，以应对基本的时间控制需求。然而，使用 DelayMS()函数实现延时会导致单片机在该时段无法执行其他任务，特别是在多任务处理和对快速响应有高要求的场景中，这一弊端尤为明显。本教学情境旨在介绍如何通过定时器实现任务的轮询控制，以提高单片机的运行效率。

本教学情境通过六个任务对使用定时器过程中的相关知识和技能要求进行详细说明。这六个任务分别为定时器查询控制 LED 闪烁、定时器中断控制 LED 闪烁、数码管的动态扫描显示、LED 点阵的动态扫描显示、独立按键的动态扫描检测及综合实训。本教学情境是单片机课程中非常重要的一部分内容，学生应通过这些任务逐步理解和掌握定时器的设计原理，进而灵活地掌握使用定时器编程的技巧和方法。

知识目标

1．掌握定时器的相关寄存器。

2．掌握定时器中断的控制原理。

3．掌握 74HC595 的原理。

4．掌握数码管动态扫描显示的原理及扫描方法。

5．掌握 LED 点阵动态扫描显示的原理及动态扫描方法。

6．掌握独立按键的动态扫描原理及扫描方法。

7．掌握使用定时器控制不同任务的方法。

技能目标

1．能够编写定时器查询控制程序。

2．能够编写定时器中断控制程序。

3．能够使用定时器编写数码管动态扫描控制程序。

4．能够使用定时器编写 LED 点阵动态扫描控制程序。

5．能够使用定时器编写按键扫描控制程序。

6．能够使用定时器编写多任务循环控制程序。

任务 4-1　定时器查询控制 LED 闪烁

工作任务

LED 的闪烁控制在前文中已经实现，本任务我们继续探索 LED 闪烁的其他实现方法，为解决之前任务中 DelayMS()函数导致单片机运行效率比较低的问题，本任务采用单片机的定时器控制 LED 闪烁的时间。

本任务以 IAP15L2K61S2 为主控芯片，设计单片机控制电路并使用定时器进行编程，控制一只 LED 1s 闪烁一次，即 1s 亮，1s 灭。

思路指导

查阅数据手册，了解定时器的设置方法，学习长时间定时控制方法，实现 LED 的闪烁控制。

相关知识

1. 定时器的基本原理

IAP15L2K61S2 设置了 5 个 16 位定时器/计数器，即 T0、T1、T2、T3 及 T4。这 5 个 16 位定时器/计数器可以配置为计数工作模式或定时工作模式。

对于定时器和计数器来说，其核心部件是一个做加法运算的计数器，本质是对脉冲进行计数。它们的区别在于计数脉冲的来源不同。

（1）如果计数脉冲来自系统时钟，则为定时工作模式，此时定时器/计数器每 12 个时钟或者 1 个时钟得到一个计数脉冲，计数值加 1。

（2）如果计数脉冲来自单片机外部引脚（例如，对于 T0 来说，计数脉冲来自 P34 引脚；对于 T1 来说，计数脉冲来自 P35 引脚，T2～T4 的计数脉冲可以查阅 STC15 单片机的数据手册），则为计数工作模式，每得到一个计数脉冲，计数值加 1。

1T 模式和 12T 模式的区别：如果开发板的晶振频率是 12MHz，则 12T 模式是指单片机将晶振时钟 12 分频之后作为自己的系统时钟，即单片机的运行频率为 12÷12=1MHz，机器周期=1/1=1μs，计数一次所需要的时间为 1μs；1T 模式是指单片机直接将晶振时钟作为自己的系统时钟，即单片机的运行频率为 12MHz，机器周期=1/12μs，计数一次所需要的时间约为 0.0833μs。因此 1T 模式下的单片机运行速度是 12T 模式下的单片机运行速度的 12 倍。

2. 定时器相关寄存器

IAP15L2K61S2 内部有 5 个定时器，本书中仅讲解定时器 T0 和 T1 的使用，其他定时器的使用方法请查阅数据手册。T0、T1 由控制寄存器 TCON、工作模式寄存器 TMOD、辅助寄存器 AUXR 三个特殊功能寄存器进行控制、管理。

（1）TCON。

TCON 是特殊功能寄存器，字节地址为 0x88，位地址由低到高分别为 0x88～0x8f，该寄存器可进行位寻址。TCON 的主要功能是控制定时器是否工作、标志哪个定时器产生中断或者溢出等，复位值为 0x00。其各位的定义如表 4-1 所示。

表 4-1 TCON 各位的定义

位	D7	D6	D5	D4	D3	D2	D1	D0
名 称	TF1	TR1	TF0	TR0	IE1	IT1	IE0	IT0

TF1：T1 溢出标志位（T1 中断请求标志位）。T1 被允许计数以后，从初始值开始加 1 计数。当最高位产生溢出时，由硬件将 TF1 置 1，并向 CPU 发出中断请求，直到 CPU 响应中断后，才由硬件清 0。若用中断服务程序来写中断，则无须关注该位；若用软件查询方式来判断定时器是否溢出，则一定要软件清 0。这点需注意，否则很容易出问题。

TR1：T1 运行控制位。该位完全由软件来控制（置 1 或清 0），该位有两种条件。

① 当 GATE（TMOD.7）= 0 时，若 TR1 = 1，则允许 T1 计数；若 TR1 = 0，则禁止 T1 计数。

② 当 GATE（TMOD.7）= 1 时，只有 TR1 = 1 且外部中断 1 引脚（INT1/P33 引脚）为高电平，才允许 T1 计数。

TF0、TR0 的作用分别与 TF1、TR1 相同，只是用于设置 T0。

IE1：外部中断 1 请求标志位。

IE1 = 1 表示外部中断 1 向 CPU 发出中断请求。当 CPU 响应（进入外部中断服务程序）之后，由硬件自动将该位清 0。外部中断 1 以哪种方式触发由 IT1 决定。

IT1：外部中断 1 触发方式控制位。

① IT1 = 1：当外部中断 1 引脚由"1"跳变到"0"时，置位外部中断 1 请求标志位 IE1。

② IT1 = 0：当外部中断 1 引脚为低电平时，置位外部中断 1 请求标志位 IE1。

IE0、IT0 的作用分别与 IE1、IT1 相同，只是用于设置外部中断 0（INT0）。

(2)工作模式寄存器 TMOD。

该寄存器也属于特殊功能寄存器,其字节地址为 0x89,该寄存器不能位寻址,复位值为 0x00。定时和计数功能由控制位 C/$\overline{T}$ 确定,TMOD 各位的定义如表 4-2 所示。

表 4-2　TMOD 各位的定义

位	D7	D6	D5	D4	D3	D2	D1	D0
名　称	GATE	C/$\overline{T}$	M1	M0	GATE	C/$\overline{T}$	M1	M0
定时器	T1				T0			

由表 4-2 可以知道,TMOD 的高四位用来设置 T1,TMOD 的低四位用来设置 T0。

GATE:门控位。

① 当 GATE=0 时,定时器的启动和禁止仅由 TRx(x=0/1)决定。

② 当 GATE=1 时,定时器的启动和禁止由 TRx(x=0/1)和外部中断引脚(INT0/INT1)上的电平共同决定,只有当 TRx(x=0/1)引脚和外部中断引脚(INT0/INT1)均为高电平时,才能启动定时器。

C/$\overline{T}$:计数工作模式/定时工作模式控制位。

① C/$\overline{T}$=1,设置 T1/T0 为计数工作模式。

② C/$\overline{T}$=0,设置 T1/T0 为定时工作模式。

M1、M0:工作方式选择位。

每个定时器都有 4 种工作方式,通过设置 M1、M0 来设定,如表 4-3 所示。

表 4-3　定时器工作方式设置表

M1	M0	定时器工作方式
0	0	方式 0:自动重装初始值的 16 位定时器/计数器(推荐)
0	1	方式 1:16 位定时器/计数器
1	0	方式 2:自动重装初始值的 8 位定时器/计数器
1	1	方式 3:仅 T0 工作,分成两个 8 位计数器,T1 停止

(3)AUXR。

STC15 单片机是 1T 模式的 51 单片机,为兼容传统 51 单片机,T0、T1 和 T2 复位后是传统 51 单片机的速度,即工作在 12T 模式下,通过设置 AUXR 将 T0、T1、T2 设置为 1T 模式。该寄存器也是特殊功能寄存器,字节地址是 0x8e,能位寻址,复位值是 0x01。AUXR 各位的定义如表 4-4 所示。

表 4-4 AUXR 各位的定义

位	D7	D6	D5	D4	D3	D2	D1	D0
名 称	T0x12	T1x12	UART_M0x6	T2R	T2_C/T	T2x12	EXTRAM	SIST2

T0x12：T0 速度控制位。

① 当 T0x12 = 0 时，T0 的速度是传统 51 单片机的速度，即 T0 工作在 12T 模式下。

② 当 T0x12 = 1 时，T0 的速度是传统 51 单片机的 12 倍，即 T0 工作在 1T 模式下。

T1x12：T1 速度控制位。

① 当 T1x12 = 0 时，T1 的速度是传统 51 单片机的速度，即 T1 工作在 12T 模式下。

② 当 T1x12 = 1 时，T1 的速度是传统 51 单片机的 12 倍，即 T1 工作在 1T 模式下。

T2x12：T2 速度控制位。

① 当 T2x12 = 0 时，T2 的速度是传统 51 单片机的速度，即 T2 工作在 12T 模式下。

② 当 T2x12 = 1 时，T2 的速度是传统 51 单片机的 12 倍，即 T2 工作在 1T 模式下。

其余位的具体含义，可以查阅 STC15 单片机的数据手册。

3．T0、T1 的工作方式

由表 4-3 可知，T0、T1 有 4 种工作方式，通过 TMOD 的 M0、M1 进行设置，分别是方式 0～方式 3，除方式 3 外，在其余 3 种工作方式下，T0 和 T1 的工作原理完全相同。其中，方式 1、方式 2 和方式 3 完全可由方式 0 取代，因此下面主要介绍方式 0。在方式 0 下，T0 是一个可自动重装初始值的 16 位定时器/计数器，其结构如图 4-1 所示。T0 有两个隐含的寄存器 RL_TH0 和 RL_TL0，用于保存 16 位定时器/计数器的重装初始值。当由 TH0、TL0 构成的 16 位计数器溢出时，RL_TH0 和 RL_TL0 的值分别自动装入 TH0、TL0，这样就实现了自动重装的功能。

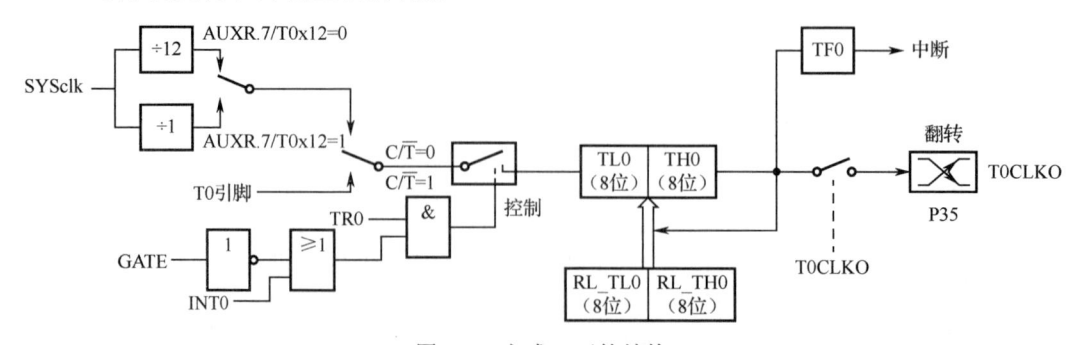

图 4-1 方式 0 下的结构

SYSclk 表示晶振频率，这里有一个选择开关，由 AUXR 设置 SYSclk 是不分频，还是经过 12 分频之后作为计数脉冲。GATE 右侧是非门，非门右侧是一个或门，再往右是一个与门。

（1）TR0 和或门的输出要进行与运算，如果 TR0 是 0，与运算的结果肯定是 0，因此要让 T0 工作，TR0 必须为 1。

（2）与门的输出要想是 1，那或门的输出必须也得是 1。在 GATE 为 1 的情况下，非门的输出为 0，或门的输出要想是 1，INT0（P32 引脚）必须是 1。只有这样，T0 才会工作，当 INT0 是 0 时，T0 不工作，这就是 GATE 的作用。

（3）当 GATE 为 0 时，非门的输出为 1，不管 INT0 是什么电平，或门的输出肯定是 1，T0 工作。

（4）要想让定时器工作，即使计数器执行累加操作，从图 4-1 中来看，有两种方式：第一种方式是将 C/$\overline{\text{T}}$ 开关置于上方，即 C/$\overline{\text{T}}$=0，每经过一个机器周期，TL0/1 就会加 1 一次；第二种方式是将 C/$\overline{\text{T}}$ 开关置于下方，即 C/$\overline{\text{T}}$=1，T0 引脚（P34 引脚）来一个脉冲，TL0/1 就会加 1 一次，这也是计数器的功能。

（5）无论是在内部晶振（定时器）的作用下，还是在 T0/1 引脚（计数器）的作用下，当 TL0/1、TH0/1 都计数满以后，就会产生溢出。

4．定时器初始化总结

所谓初始值，就是在计数寄存器 TH0 和 TL0 中预先装入一定的数值，该数值决定了定时器从当前计数到溢出所需的时间长度，从而实现了精确的定时功能。下面以定时 2ms 为例，介绍定时器初始化的步骤。

（1）设置系统时钟计数频率。这里以 T0 为例，设置系统时钟频率为 12MHz，工作在 12T 模式下（方便计算），即 1μs 计数一次，由表 4-4 可知，需要将 AUXR 的最高位 T0x12 置为 0。设置系统时钟计数频率的语句如下：

AUXR &= 0x7f;

（2）设置定时器的工作方式。由于方式 1、方式 2 和方式 3 完全可由方式 0 取代，因此将 T0 设置为方式 0 即可。由表 4-2 可知，需将 TMOD 的低四位全部置为 0。设置定时器工作方式的语句如下：

TMOD &= 0xf0;

（3）设置定时器初始值。将定时时间 2ms 转化为计数，即 2000 次，因此初始值=65536-2000 = 63536，转换成十六进制数则为 0xf830。设置定时器初始值的语句如下：

TL0 = 0x30; TH0 = 0xf8;

（4）清除 T0 溢出标志位。由表 4-1 可知，将 TF0 置为 0 即可。清除 T0 溢出标志位的语句如下：

TF0 = 0;

（5）启动定时器。由表 4-1 可知，将 TR0 置为 0 即可。启动定时器的语句如下：

TR0 = 0;

定时器的初始化代码也可通过 STC-ISP 软件自动生成，如图 4-2 所示。

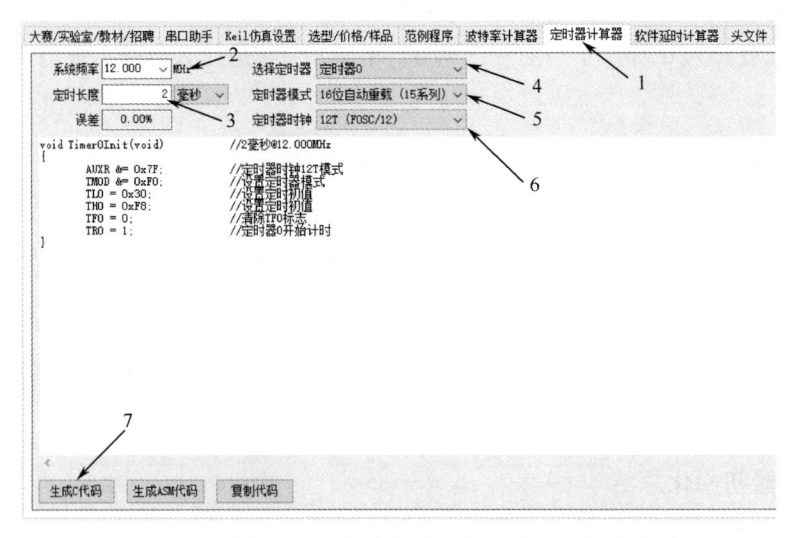

图 4-2 通过 STC-ISP 软件自动生成定时器初始化代码

① 打开"定时器计算器"选项卡。

② 设置系统时钟频率（图 4-2 中的系统频率）为"12.000MHz"。

③ 设置定时长度，即定时一次所需要的时间。

④ 选择定时器，这里设置为"定时器 0"。

⑤ 设置定时器模式，这里设置为"16 位自动重载（15 系列）"。

⑥ 设置定时时钟为"12T（F0SC/12）"。

⑦ 单击"生成 C 代码"按钮，就可生成定时器的初始化代码。

上述生成的代码和自己编号的代码是一致的。

根据上述描述我们知道，寄存器中装入不同的初始值，就会有不同的定时基准。那

注：图 4-2 中的代码注释由软件自动生成，与后续程序中的注释含义一致。

定时 1000ms 该怎么设置呢？请同学们对此进行思考。

任务实施

使用定时器控制 LED 闪烁，要求：由单片机的 P00 引脚控制，低电平点亮 LED，1s 闪烁一次（系统时钟频率为 12MHz）。

使用定时器控制 LED 闪烁的代码如下：

```
1 #include <STC15F2K60S2.H>
2 #define LED0 P00              //定义 LED I/O 口
3 unsigned int timecount=0;     //定义时间计数值
4 void Timer0Init(void)         //2ms 定时器初始化函数
5 {
6     AUXR &= 0x7f;             //设置定时器时钟为 12T 模式
7     TMOD &= 0xf0;             //设置定时器工作方式
8     TL0 = 0x30;               //设置定时器初始值
9     TH0 = 0xf8;               //设置定时器初始值
10    TF0 = 0;                  //清除 TF0
11    TR0 = 1;                  //T0 开始计时
12 }
13 void main()
14 {
15    P0M0=0x00;                //I/O 口初始化
16    P0M1=0x00;
17    Timer0Init();             //定时器初始化
18    while(1)
19    {
20        if(TF0==1)            //查询是否中断溢出
21        {
22            TF0=0;            //清除 T0 溢出标志位
23            timecount++;      //时间计数值加 1
24            if(timecount==500)//累加 500 次
25            {
26                timecount=0;  //清除时间计数值
27                LED0=!LED0;   //LED 改变状态
28            }
29
30        }
31    }
32 }
```

第 3 行：定义时间计数值，需要注意变量的类型，因为最大时间计数值为 500，所以需要将 timecount 定义为 unsigned int 类型。如果定义为 unsigned char 类型，则最大时间计数值为 255，计时会出错。

第 4~12 行：定时器初始化。

第 20 行：TF0 为 T0 溢出标志位，程序通过 while 循环查询 TF0，判断时间是否到了。若 1s 时间到，则对 TF0 进行清除，执行动作。查询的缺点是实时性比较差，下一任务我们将通过定时器中断来解决这个问题。

课后拓展

使用 STC15 单片机定时器 T1 控制 LED1~LED4 四只 LED 闪烁。要求：LED1 每 200ms 闪烁一次，LED2 每 400ms 闪烁一次，LED3 每 800ms 闪烁一次，LED4 每 1000ms 闪烁一次，四只 LED 在不同的频率下独立闪烁。请绘制原理图并编写程序（系统时钟频率为 12MHz，使用定时器查询控制）。

任务 4-2　定时器中断控制 LED 闪烁

工作任务

在单片机编程中，一个很重要的要求是提高事件的响应速度。中断是一个非常关键的技术，主要用于即时处理来自外设的随机信号。它既和硬件相关，也和软件相关，正是因为有了中断技术，才能使单片机的工作更加灵活、效率更高。

本任务在任务 4-1 的基础上，设计单片机控制电路并使用定时器中断功能进行编程，实现控制一只 LED 1s 闪烁一次，即 1s 亮，1s 灭。

思路指导

查阅数据手册，了解中断的原理及设置方法，学习定时器中断的控制方法，实现控制 LED 闪烁。

相关知识

1. 中断的原理

中断是一个非常重要且综合的概念。下面以生活中的实例来对中断加以比拟。所举例子旨在帮助学生理解中断的概念，不能完全匹配中断的概念。

小李在家里看书、学习：主程序。

有人给小李打电话，他的电话铃声响了：突发事件 1（中断事件）。

有人来拜访小李（没有预约），在门外敲门：突发事件 2（中断事件）。

将小李在家里看书、学习作为主程序，在没有外界干扰的情况下，他会一直处于学习状态，如同 CPU 一直处于执行主程序状态。有人给小李打电话或门外有人敲门使他停止学习，转而去接电话或去开门，相当于停止主程序的执行，去处理这一突发事件（中断事件），上述过程可称为中断。中断事件必须满足以下两个条件。

① 事件的发生具有随机性，不可预测。小李的电话铃声会不会响，什么时候响是不可预测的；在小李学习期间，有没有人来拜访小李，什么时候来拜访也是不可预测的。

② 可控性，事件发生后，并不一定会停止主程序的执行，主程序根据需要和约束条件，能控制对中断事件做出响应或者不响应。当电话铃声响起时，小李接不接电话可以由他控制，具有可控性；当门外有人敲门时，小李可以不去开门，继续学习，也可以停止学习去开门，也具有可控性。

满足上述条件的事件，都可称为中断事件。

当然，单片机中所说的中断并不像前面所述这么形象，它是抽象的。中断的定义如下：当单片机的 CPU 正在执行主程序时，单片机外部或内部发生某一事件（如计数器计数满），请求 CPU 处理；如果该请求被响应，则 CPU 暂停当前的工作，转而去执行中断服务程序，处理所发生的事件；中断服务程序处理完该事件后，再回到主程序原来被中止的地方（称为断点）继续执行主程序，这整个过程称为中断。

如果没有中断技术，CPU 的大量时间可能会被浪费在原地踏步的查询操作上。采用中断技术解决了 CPU 在查询方式中的等待问题，节省了大量时间，大大提高了 CPU 的工作效率。简单的中断响应流程如图 4-3 所示。

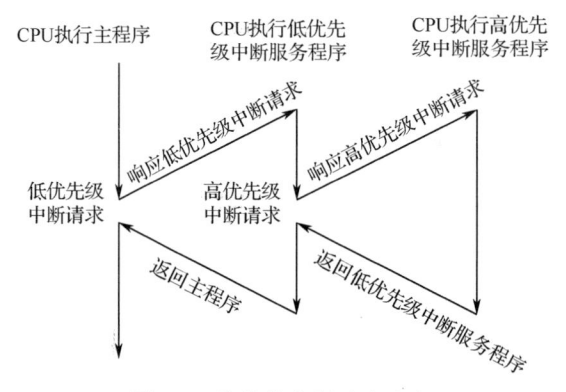

图 4-3 简单的中断响应流程

2．单片机的中断源

IAP15 单片机内部有 21 个中断源，下面重点介绍前 5 个中断源，其他中断源的相关内容可查阅数据手册。

（1）外部中断 0（INT0），中断请求信号由 P32 引脚输入。通过 IT0 来设置外部中断 0 的触发方式，当 IT0 为 1 时，外部中断 0 为下降沿触发；当 IT0 为 0 时，无论是上升沿还是下降沿，都会触发外部中断 0。一旦输入信号有效，则置位 IE0，继而向 CPU 发出中断请求。

（2）外部中断 1（INT1），中断请求信号由 P3.3 引脚输入。通过 IT1 来设置外部中断 1 的触发方式，当 IT1 为 1 时，外部中断 1 为下降沿触发；当 IT1 为 0 时，无论是上升沿还是下降沿，都会触发外部中断 1，一旦输入信号有效，则置位 IE1，继而向 CPU 发出中断请求。

（3）T0 溢出中断，当 T0 的计数值产生溢出时，置位 TF0，并向 CPU 发出中断请求。

（4）T1 溢出中断，当 T1 的计数值产生溢出时，置位 TF1，并向 CPU 发出中断请求。

（5）串口 1 中断，当串口 1 接收完一串数据帧时，置位 RI；当串口 1 发送完一串数据帧时，置位 TI。在这两种情况下，都可向 CPU 发出中断请求。

5 个中断源的优先级如表 4-5 所示。

表 4-5　5 个中断源的优先级

中 断 源	中断向量地址	优 先 级	中 断 号	中断请求标志位	中断允许控制位
外部中断 0	0x0003	1	0	IE0	EX0/EA
T0 溢出中断	0x000b	2	1	TF0	ET0/EA
外部中断 1	0x0013	3	2	IE1	EX1/EA
T1 溢出中断	0x001b	4	3	TF1	ET1/EA
串口 1 中断	0x0023	5	4	RI/TI	ES/EA

3. 单片机中断相关的寄存器

中断的应用离不开寄存器的控制，IAP15 单片机中与中断有关的寄存器很多，下面介绍其核心的一个寄存器——中断允许寄存器 IE。它是控制各个中断的开关，要使用哪个中断，就必须将其对应位置 1，禁止时将其对应位清 0。IE 各位的定义如表 4-6 所示。

表 4-6　IE 各位的定义

位	D7	D6	D5	D4	D3	D2	D1	D0
名 称	EA	ELVD	EADC	ES	ET1	EX1	ET0	EX0
地 址	0xaf	0xae	0xad	0xac	0xab	0xaa	0xa9	0xa8

EA：CPU 的总中断允许控制位。当 EA = 1 时，CPU 打开总中断；当 EA = 0 时，CPU 屏蔽所有中断请求。对于初学者，这个知识点必须理解清楚。

类比：EA 相当于家中的总开关，ELVD、EADC、ES、ET1、EX1、ET0、EX0 相当于每个房间的分开关。为了使整个电路系统正常工作，总开关和所有分开关都必须处于开启状态。如果总开关打开，但有一个或几个分开关关闭，那么对应的房间将不会有电；如果总开关关闭，即使所有分开关都打开，每个房间也不会有电。

ELVD：低压检测中断允许位。当 ELVD = 1 时，允许低压检测中断；当 ELVD = 0 时，禁止低压检测中断。

EADC：A/D 转换中断允许位。当 EADC = 1 时，允许 A/D 转换中断；当 EADC = 0 时，禁止 A/D 转换中断。

ES：串口 1 中断允许位。当 ES = 1 时，允许串口 1 中断；当 ES = 0 时，禁止串口 1 中断。

ET1：T1 溢出中断允许位。当 ET1=1 时，允许 T1 溢出中断；当 ET1 = 0 时，禁止 T1 溢出中断。

EX1：外部中断 1 允许位。当 EX1 = 1 时，允许外部中断 1 中断；当 EX1 = 0 时，禁止外部中断 1 中断。

ET0：T0 溢出中断允许位。当 ET0= 1 时，允许 T0 溢出中断；当 ET0 = 0 时，禁止 T0 溢出中断。

EX0：外部中断 0 允许位。当 EX0 = 1 时，允许外部中断 0 中断；当 EX0 = 0 时，禁止外部中断 0 中断。

任务实施

使用定时器中断改写任务 4-1 的程序，控制 LED 闪烁。要求：由单片机的 P00 引脚控制，低电平点亮 LED，1s 闪烁一次（系统时钟频率为 12MHz）。

使用定时器中断控制 LED 闪烁的代码如下：

```
1 #include <STC15F2K60S2.H>
2 #define LED0 P00              //定义 LED I/O 口
3 unsigned int timecount=0;     //定义时间计数值
4 void Timer0Init(void)         //2ms 定时器初始化函数
5 {
6     AUXR &= 0x7f;             //设置定时器时钟为 12T 模式
7     TMOD &= 0xf0;             //设置定时器工作方式
8     TL0 = 0x30;               //设置定时器初始值
9     TH0 = 0xf8;               //设置定时器初始值
10    TF0 = 0;                  //清除 TF0
11    TR0 = 1;                  //T0 开始计时
12    ET0 = 1;                  //打开 T0 溢出中断开关
13    EA = 1;                   //打开总中断
14 }
15 void main()
16 {
17    P0M0=0x00;                //I/O 口初始化
18    P0M1=0x00;
19    Timer0Init();             //定时器初始化
20    while(1);
21 }
22
23 void Timer0Isr()   interrupt 1
```

```
24 {
25     timecount++;              //时间计数值加 1
26     if(timecount==500)        //累加 500 次
27     {
28         timecount=0;          //清除时间计数值
29         LED0=!LED0;           //LED 改变状态
30     }
31 }
```

第 4~14 行，初始化 T0。特别需要注意的是，本任务采用中断的方式，因此需要加入第 12~13 行语句，表示打开 T0 溢出中断开关和总中断。

第 20 行，主程序中使用 whie(1)死循环，无其他任务。

第 23 行，中断服务程序，即 T0 每 2ms 定时中断一次，Timer0Isr()函数就执行一次，函数后需要加上 interrupt 1，表示该中断服务程序为 T0 溢出中断，中断号为 1。

第 34~39 行，长时间定时采用 timecount 变量计数。

课后拓展

使用 STC15 单片机的定时器 T1 控制 LED1~LED4 四只 LED 闪烁。要求：LED1 每 200ms 闪烁一次，LED2 每 400ms 闪烁一次，LED3 每 800ms 闪烁一次，LED4 每 1000ms 闪烁一次，四只 LED 在不同的频率下独立闪烁。请绘制原理图并编写程序（系统时钟频率为 12MHz，使用定时器中断控制）。

任务 4-3　数码管的动态扫描显示

工作任务

在单片机电路的设计过程中，数码管作为一种常见的显示设备，具有简洁明了的视觉效果及便捷的控制方式。然而，随着数码管显示位数的增加和复杂化，对控制 I/O 口的需求也随之增加。在这种背景下，I/O 口的扩展和数码管的动态扫描技术成了提高数码管显示效率和节省资源的重要技术手段。

本任务以 IAP15L2K61S2 为主控芯片，使用 3 个 I/O 口，利用 I/O 口扩展技术和动态扫描技术实现用四位一体共阳极数码管显示不同的数字。

思路指导

利用网络查询常用的 I/O 口扩展芯片有哪些，了解相关芯片的原理和控制方式。对比数码管静态显示的控制方法，学习数码管的动态扫描原理和控制方式，通过定时器实现数码管的动态扫描显示。

相关知识

1. I/O 口的扩展应用

在任务 2-4 中，我们学习了数码管的驱动，一个数码管需用到 8 个单片机 I/O 口，如果数码管的数量增加，那么 I/O 口的需求量也会增加。对于单片机来说，I/O 口是十分宝贵的，I/O 口的数量越多，对应的单片机价格越贵。在单片机设计中，如何节省 I/O 口呢？这需要用到 I/O 口扩展技术，常用的 I/O 口扩展芯片有 74HC595、74HC573、74HC138 等。本任务以 74HC595 为例介绍 I/O 口的扩展应用。

74HC595 是一个带有三态输出寄存器的 8 位移位寄存器，引脚说明如表 4-7 所示。该芯片的功能如表 4-8 所示。

表 4-7　74HC595 的引脚说明

结　构　图	引　脚　号	名　　称	描　　述
Q1─1　16─VCC Q2─2　15─Q0 Q3─3　14─DS Q4─4 74HC595 13─$\overline{OE}$ Q5─5　12─ST_CP Q6─6　11─SH_CP Q7─7　10─$\overline{MR}$ GND─8　9─Q7′	15、1~7	Q0~Q7	8 位并行数据输出
	8	GND	电源地
	16	VCC	电源正极
	9	Q7′	串行数据输出
	10	$\overline{MR}$	主复位（低电平有效）
	11	SH_CP	移位寄存器时钟输入
	12	ST_CP	三态输出寄存器时钟输入

续表

结 构 图	引 脚 号	名 称	描 述
	13	$\overline{OE}$	输出使能（低电平有效）
	14	DS	串行数据输入

表 4-8　74HC595 的功能

输　入					输　出
DS	SH_CP	$\overline{MR}$	ST_CP	$\overline{OE}$	
×	×	×	×	H	禁止 Q0～Q7 输出
×	×	×	×	L	使能 Q0～Q7 输出
×	×	L	×	×	清除移位寄存器
L	↑	H	×	×	移位寄存器的第一位变为低电平，原来保存的数据向后移 1 位
H	↑	H	×	×	移位寄存器的第一位变为高电平，原来保存的数据向后移 1 位
×	×	×	↑	×	将移位寄存器的数据保存在三态输出寄存器中

注：表中的 H 表示高电平；L 表示低电平；×表示高阻态。

74HC595 的时序如图 4-4 所示。

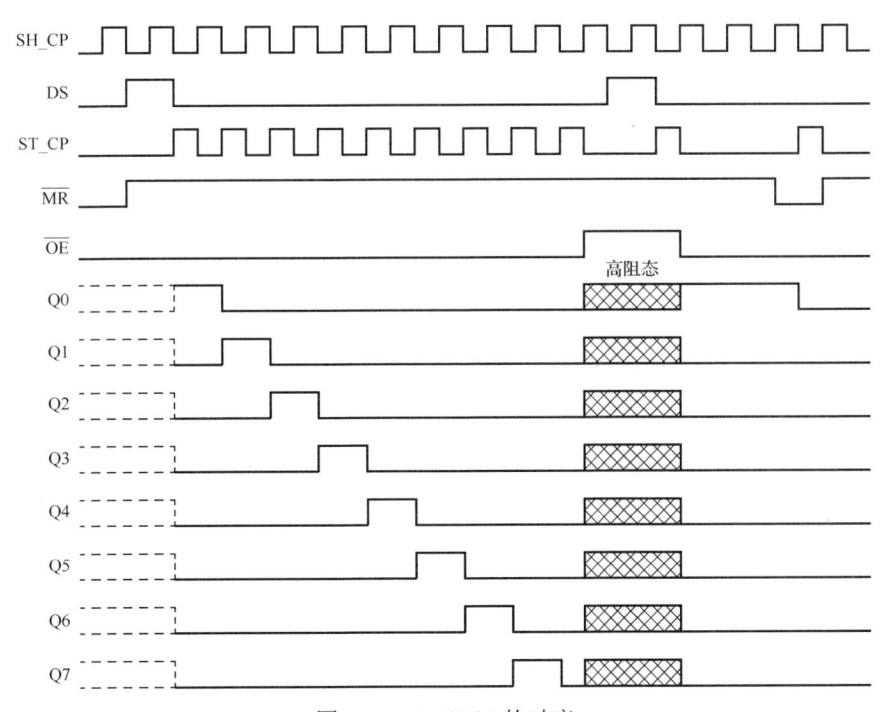

图 4-4　74HC595 的时序

下面说明如何使 Q7～Q0 输出 10110110。

首先，将 $\overline{MR}$ 引脚置为 1，将 $\overline{OE}$ 引脚置为 0。

74HC595
的原理

然后，进行移位操作：将 DS 引脚置为 1，SH_CP 引脚输入上升沿信号，此时 1 会出现在 Q0 上，移位寄存器中的数据 Q7～Q0 变为 0000 0001；将 DS 引脚置为 0，SH_CP 引脚输入上升沿信号，此时新的数据"0"会出现在 Q0 上，刚才 Q0 上的数据"1"被移位到 Q1 上，移位寄存器中的数据 Q7～Q0 变为 0000 0010；依次给 DS 引脚置剩余的 6 位数据"110110"，每次 DS 设置完数据后，SH_CP 引脚输入上升沿信号，数据即可移到 Q0 引脚上，同时移位寄存器中的数据向后移一位，因此进行 8 次移位操作即可将 1 字节数据移到移位寄存器中。

最后，进行锁存输出操作：通过设置 ST_CP 上升沿将移位寄存器中的数据保存在三态输出寄存器中，并在 8 只引脚上同时进行输出。通过这种方式，我们只用了 SH_CP、DS 和 ST_CP 三个输入引脚就扩展出了 8 个输出，配合 Q7′引脚，将两片 74HC595 级联就可以扩展出 16 个输出，如图 4-5 所示。

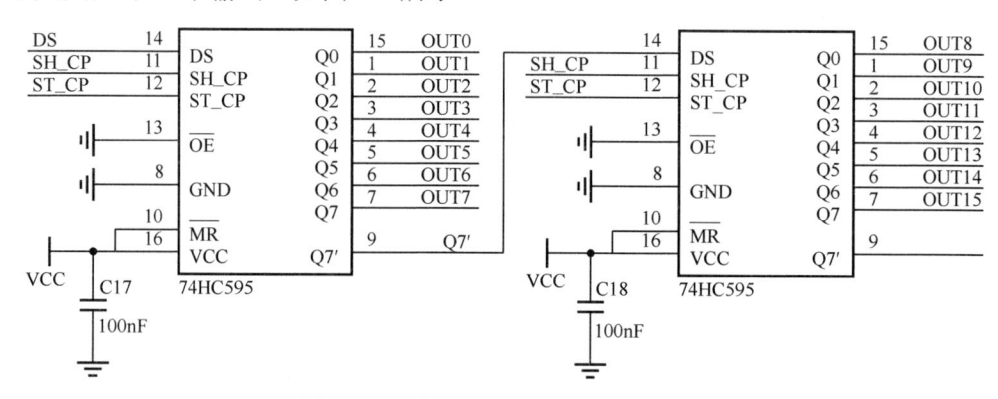

图 4-5 两片 74HC595 级联扩展 I/O 口

2．四位一体数码管的显示原理

单个数码管的原理我们已经在任务 2-4 中做了详细介绍，在实际的应用中经常用到四位一体数码管或者八位一体数码管，其显示原理和单个数码管类似。下面以四位一体共阳极数码管为例，分析其内部结构及显示方法。四位一体共阳极数码管的内部结构如图 4-6 所示。

从内部结构上来看，四位一体共阳极数码管内部 4 个数码管的每个相同段都是连在一起的，4 个数码管分别由 COM0～COM3 控制。当第一个数码管被选中（COM0=1、COM1=0、COM2=0、COM3=0）时，给 a～h 赋值相应的编码，此时第一个数码管就显示相应的字符。a～h 称为段码控制位，COM0～COM3 称为位码控制位。

3．四位一体数码管的动态扫描原理

所谓动态扫描，实际上是轮流点亮数码管（静态显示是同时点亮数码管），某一个时刻有且只有一个数码管是亮的，由于人眼的视觉暂留现象（余晖效应），当这 4 个数码管的扫描速度足够快时，给人的感觉是这 4 个数码管同时亮了。

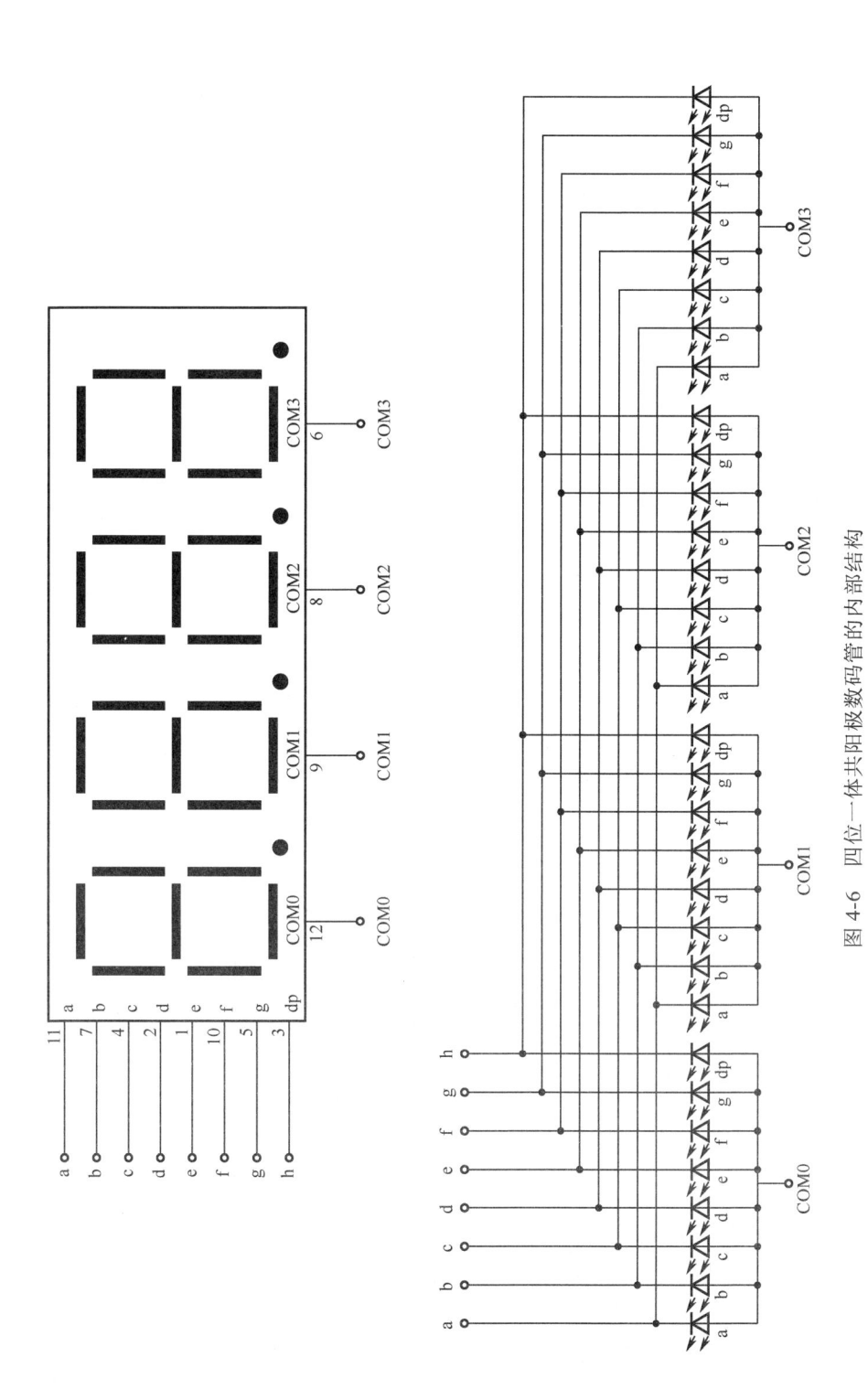

图 4-6 四位一体共阳极数码管的内部结构

例如，要动态显示 0123，显示过程就是先使第一个数码管显示 0，过一会儿（小于某个时间），使第二个数码管显示 1，依次类推，使 4 个数码管分别显示 0～3，由于动态扫描的速度很快，给人的感觉是 4 个数码管都亮了，实质上在看过去的那一刻，只有 1 个数码管在显示，其他 3 个数码管都是灭的。

任务实施

任务 4-3-1 将两片 74HC595 级联，控制四位一体共阳极数码管的静态显示。要求：4 个数码管静态显示 0～9，1s 变化一次（系统时钟频率为 12MHz）。

1. 原理图设计

用 74HC595 驱动四位一体共阳极数码管的原理图如图 4-7 所示。

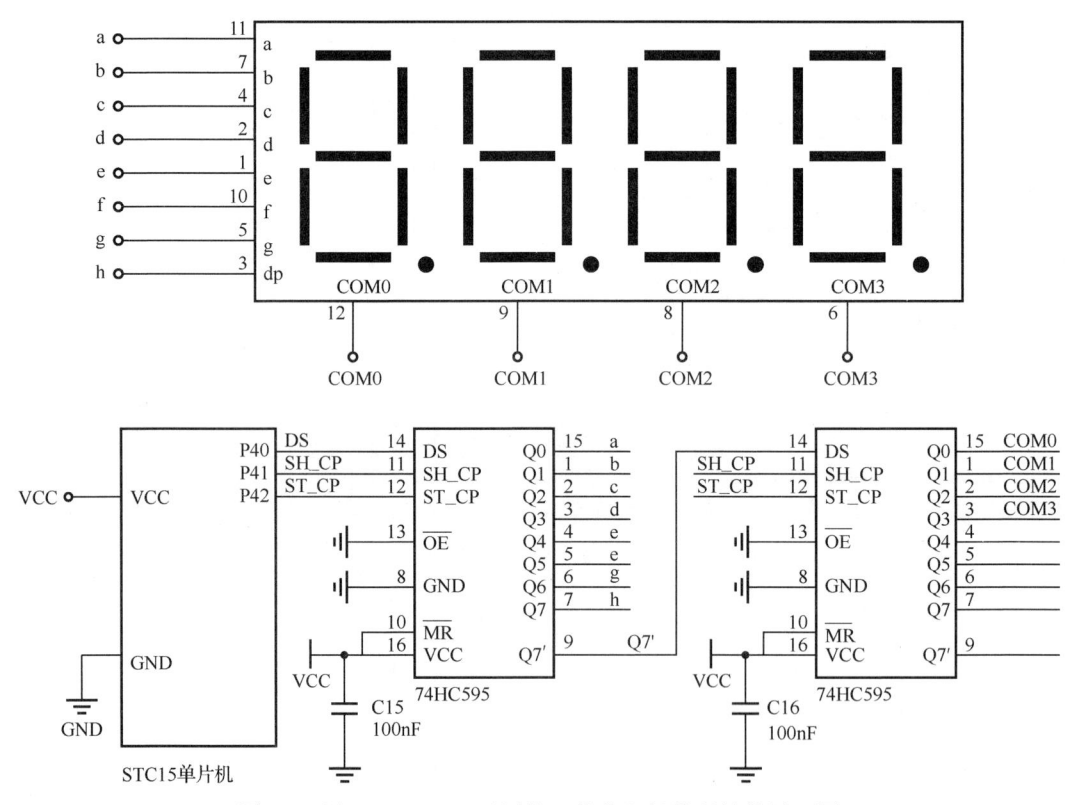

图 4-7 用 74HC595 驱动四位一体共阳极数码管的原理图

控制四位一体共阳极数码管原本需要 12 个 I/O 口，通过将两片 74HC595 级联，只需要 3 个 I/O 口即可控制。在本设计中，由单片机的 P40 引脚控制 74HC595 的 DS 引脚，由单片机的 P41 引脚控制 74HC595 的 SH_CP 引脚，由单片机的 P42 引脚控制 74HC595 的 ST_CP 引脚，两片 74HC595 共用 SH_CP 引脚和 ST_CP 引脚，控制移位和锁存输出同步，并用第一片 74HC595 实现段码控制，用第二片 74HC595 实现位码控制，每次移入 2 字节数据，然后将 16 位数据一起锁存输出，完成一次操作。需要注意的是，先移入的数据出现在最后的数码管上。

2．程序设计

用两片74HC595级联控制四位一体共阳极数码管实现静态显示的代码如下：

```
1 #include <STC15F2K60S2.H>
2 #include <intrins.h>
3 #define A74HC595_DS        P40        //定义74HC595 DS引脚的控制I/O口
4 #define A74HC595_SH_CP     P41        //定义74HC595 SH_CP引脚的控制I/O口
5 #define A74HC595_ST_CP     P42        //定义74HC595 ST_CP引脚的控制I/O口
6 unsigned int OneSecCount=0;           //1s定时计数
7 unsigned char DisNum=0;               //显示数值计数
8 code char SEG[]={0xc0,0xf9,0xa4,0xb0,0x99,0x92,0x82,0xf8,0x80,0x90};  //数码管编码表
9 //74HC595移位寄存器控制函数，先移Bit位，再移Seg位
10 void HC595_WrOneByte(unsigned char Bit,unsigned char Seg)
11 {
12     unsigned char i = 0;
13     //通过8次循环将8位数据一次性移入74HC595
14     for(i=0;i<8;i++)
15     {
16         A74HC595_DS = (bit)(Bit & 0x80);   //取出Bit最高位
17         A74HC595_SH_CP = 0;                //模拟上升沿低电平
18         Bit <<= 1;                         //Bit左移一位，取次高位
19         A74HC595_SH_CP = 1;                //模拟上升沿高电平
20     }
21     for(i=0;i<8;i++)
22     {
23         A74HC595_DS = (bit)(Seg & 0x80);   //取出Seg最高位
24         A74HC595_SH_CP = 0;                //模拟上升沿低电平
25         Seg <<= 1;                         //Seg左移一位，取次高位
26         A74HC595_SH_CP = 1;                //模拟上升沿高电平
27     }
28     //数据并行输出（借助ST_CP上升沿）
29     A74HC595_ST_CP = 0;
30     _nop_();
31     _nop_();
32     A74HC595_ST_CP = 1;
33 }
34 void Timer0Init(void)                      //2ms定时器初始化函数
35 {
36     AUXR &= 0x7f;                          //设置定时器时钟12T模式
```

```
37        TMOD &= 0xf0;                              //设置定时器的工作方式
38        TL0 = 0x30;                                //设置定时器初始值
39        TH0 = 0xf8;                                //设置定时器初始值
40        TF0 = 0;                                   //清除 TF0
41        TR0 = 1;                                   //T0 开始计时
42        ET0 = 1;                                   //打开 T0 溢出中断开关
43        EA = 1;                                    //打开总中断
44   }
45   void main()
46   {
47        P4M0=0x00;                                 //I/O 口初始化
48        P4M1=0x00;
49        Timer0Init();                              //定时器初始化
50        HC595_WrOneByte(0xFF,SEG[DisNum]);         //通过 74HC595 移位寄存器控制函数移入位
                                                     //码和段码,此时 4 个数码管都显示 0
51        while(1);
52   }
53
54   void Timer0Isr()    interrupt 1
55   {
56         OneSecCount++;                            //1s 定时计数累加
57         if(OneSecCount>=500)                      //计数 500 次,即为 1s
58         {
59              OneSecCount=0;                       //1s 定时计数清 0
60              DisNum++;                            //显示数值计数加 1
61              if(DisNum==10)                       //DisNum 的计数范围为 0~9
62                   DisNum=0;
63              HC595_WrOneByte(0xFF,SEG[DisNum]);//4 个数码管显示 DisNum 的值
64         }
65   }
```

第 3～5 行:定义 74HC595 引脚的控制 I/O 口。

第 10～33 行:74HC595 移位寄存器控制函数,包括两个参数,一个是 Bit,表示位码,控制哪个数码管被点亮;另一个是 Seg,表示段码,控制数码管上显示的数值。

第 34～44 行:2ms 定时器初始化函数。

第 50 行:通过 74HC595 移位寄存器控制函数 HC595_WrOneByte()移入位码 0xFF 和段码 SEG[0],此时所有数码管显示数字 0。

第 57 行：通过 OneSecCount 变量计数控制时间，当计数值达到 500 时，即为 1s，然后使 DisNum 自加 1。

第 63 行：通过 HC595_WrOneByte()函数，移入位码 0xFF 和段码 SEG[DisNum]，使 4 个数码管显示 DisNum 的值。

任务 4-3-2 将两片 74HC595 级联，控制四位一体共阳极数码管的动态扫描显示。要求：4 个数码管同时显示"1234"（系统时钟频率为 12MHz）。

1. 原理图设计

同任务 4-3-1。

2. 程序设计

使用两片 74HC595 级联控制四位一体共阳极数码管实现动态扫描显示的代码如下：

```
1 #include <STC15F2K60S2.H>
2 #include <intrins.h>
3 #define A74HC595_DS        P40        //定义 74HC595 DS 引脚的控制 I/O 口
4 #define A74HC595_SH_CP     P41        //定义 74HC595 SH_CP 引脚的控制 I/O 口
5 #define A74HC595_ST_CP     P42        //定义 74HC595 ST_CP 引脚的控制 I/O 口
6 unsigned int SmgRefreshCount=0;        //数码管刷新控制位
7 unsigned int DisNum=1234;              //显示数值
8 code char SEG[]={0xc0,0xf9,0xa4,0xb0,0x99,0x92,0x82,0xf8,0x80,0x90};   //数码管编码表
9
10 code char BIT[]={0x01,0x02,0x04,0x08};  //位码编码表
11 //74HC595 移位寄存器控制函数，先移 Bit 位，再移 Seg 位
12 void HC595_WrOneByte(unsigned char Bit,unsigned char Seg)
13 {
    /*74HC595 移位寄存器控制函数与任务 4-3-1 相同，省略*/
35 }
36 void Timer0Init(void)                  //2ms 定时器初始化函数
37 {
    /*2ms 定时器初始化函数与任务 4-3-1 相同，省略*/
46 }
47 void main()
48 {
49     P4M0=0x00;                        //I/O 口初始化
50     P4M1=0x00;
51     Timer0Init();                     //定时器初始化
52     while(1);
53 }
```

```
54
55 void Timer0Isr()    interrupt 1
56 {
57     SmgRefreshCount++;                    //数码管刷新控制位计数
58     if(SmgRefreshCount==4)                //数码管刷新控制位计数的取值范围为 0～3
59         SmgRefreshCount=0;
60     HC595_WrOneByte(0xFF,0xFF);           //关闭所有数码管显示, 用于消隐
61     switch(SmgRefreshCount)
62     {
63         case 0:
64             HC595_WrOneByte(BIT[0],SEG[DisNum/1000]);
65                                           //第一个数码管, 显示千位
66             break;
67         case 1:
68             HC595_WrOneByte(BIT[1],SEG[DisNum%1000/100]);
69                                           //第二个数码管, 显示百位
70             break;
71         case 2:
72             HC595_WrOneByte(BIT[2],SEG[DisNum%100/10]);
73                                           //第三个数码管, 显示十位
74             break;
75         case 3:
76             HC595_WrOneByte(BIT[3],SEG[DisNum%10]);
77                                           //第四个数码管, 显示个位
78             break;
79     }
80 }
```

第 10 行:定义位码编码表,用于选中数码管显示位。

第 57～59 行:使用 SmgRefreshCount 变量控制数码管刷新,因为有 4 个数码管,所以变量的取值范围为 0～3。

第 60 行:在刷新下一个数码管显示前,关闭数码管,可以起到消隐的作用。

第 61～79 行:SmgRefreshCount 每 2ms 变化一次,以 SmgRefreshCount 为数码管刷新控制位,使用 switch 选择结构,依次对 4 个数码管进行刷新,第一个数码管移入千位,第二个数码管移入百位,第三个数码管移入十位,第四个数码管移入个位,从而实现动态扫描显示。

课后拓展

1. 使用 1 片 74HC595 和 4 只三极管控制四位一体共阴极数码管显示。要求：4 个数码管全部显示数字"2"。请绘制原理图并编写程序。

2. 编写程序，要求在上一题程序的基础上实现-99~99 动态计数，关闭没有显示的数码管，1s 更新一次。

任务 4-4　LED 点阵的动态扫描显示

工作任务

前面任务中介绍的数码管可以显示数字 0~9 和一些字母，常见于计算器、电子表和其他需要显示数字信息的电子设备中。LED 点阵作为另一种显示设备，是由多只 LED 组成的矩阵阵列，每只 LED 对应矩阵阵列中的一个点，每只 LED 的亮灭都可以单独控制，通过控制不同 LED 的亮灭，可使 LED 点阵显示更加复杂的图形和文字。LED 点阵的灵活性和显示能力远超数码管，它能够显示数字、字母、符号，甚至是图像。

本任务在任务 4-3 的基础上，使用 3 个 I/O 口，利用 I/O 口扩展技术和动态扫描技术实现 LED 点阵的动态扫描显示。

思路指导

利用网络查询 LED 点阵的基本原理，采用 I/O 口扩展技术和动态扫描技术，实现 LED 点阵的动态扫描显示。

相关知识

1. LED 点阵的基本原理

LED 点阵是将多只 LED 以矩阵形式排列而成的器件。其中，各只 LED 的引脚有规律地进行连接。图 4-8 所示为共阴极 8×8 LED 点阵的内部电路结构。

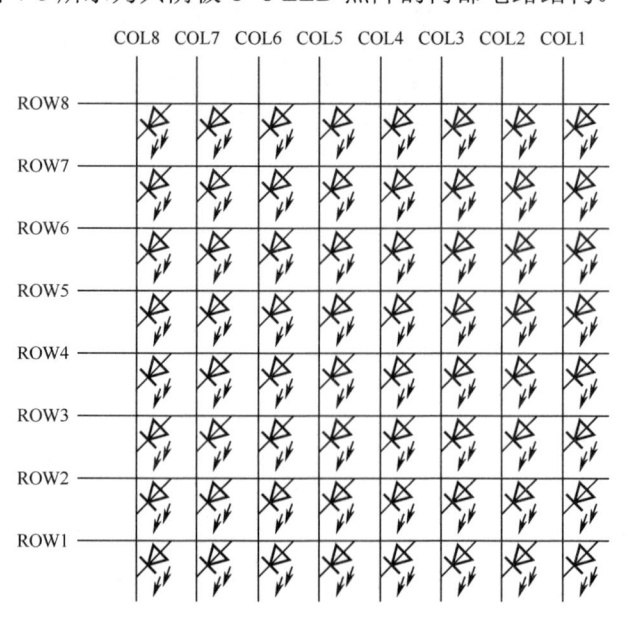

图 4-8　共阴极 8×8 LED 点阵的内部电路结构

对共阴极 8×8 LED 点阵而言，每列 LED 的阴极连接在一起，即为列引脚，每行 LED 的阳极连接在一起，即为行引脚。LED 点阵通常站在列的角度来看，每列 LED 的阴极连接在一起的点阵称为共阴极 LED 点阵。若要点亮其中的 LED，则列信号与行信号要有交集，例如，要点亮第 1 列（COL1）、第 2 行（ROW2）的 LED，则必须将第 1 列的引脚置为低电平，将第 2 行的引脚置为高电平，才能形成一个正向回路，该 LED 才会被点亮。送到列引脚的信号为扫描信号，8 个列信号中只有一个为低电平，其余为高电平，称为低电平扫描。换言之，任何时刻都只有一列 LED 可能会被点亮。所要点亮的 LED 对应的行引脚为高电平，其余行引脚为低电平。和数码管的动态扫描显示一样，当信号的切换速度够快时，我们将感觉整个 LED 点阵是亮的，而不是只亮其中一列而已。

若 LED 点阵中连接到列引脚的是 LED 的阳极，则称其为共阳极 LED 点阵。若要点亮共阳极 LED 点阵，其列引脚必须采用高电平扫描，即所要点亮的 LED 对应的行引脚为低电平，其余行引脚为高电平。

下面以共阳极 8×8 LED 点阵为例，说明数字"7"的扫描过程，如图 4-9 所示。

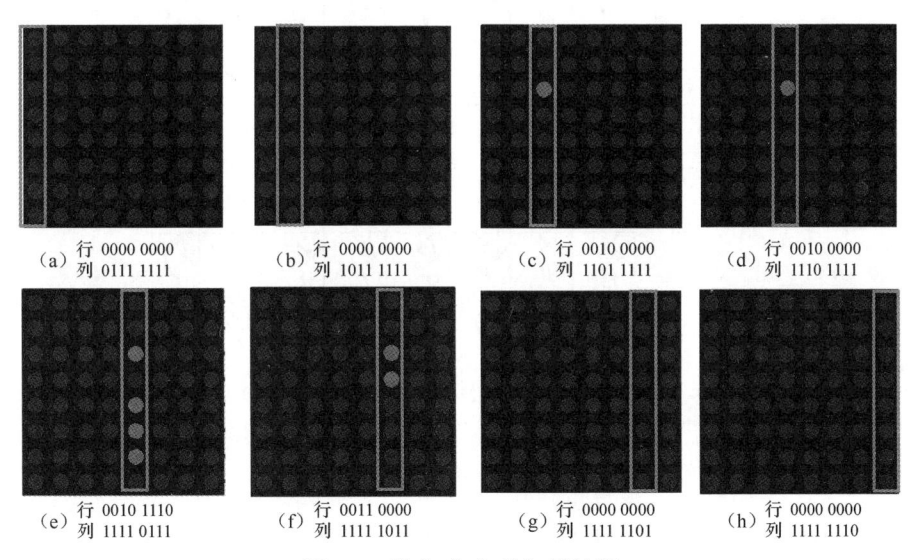

(a) 行 0000 0000　列 0111 1111
(b) 行 0000 0000　列 1011 1111
(c) 行 0010 0000　列 1101 1111
(d) 行 0010 0000　列 1110 1111
(e) 行 0010 1110　列 1111 0111
(f) 行 0011 0000　列 1111 1011
(g) 行 0000 0000　列 1111 1101
(h) 行 0000 0000　列 1111 1110

图 4-9　数字"7"的扫描过程

从左往右，从上往下看，选中第 1 列，低电平选中，因此将列引脚赋值为 0111 1111，同时行全部关闭，因此将行引脚赋值为 0000 0000；选中第 2 列，低电平选中，因此将列引脚赋值为 1011 1111，同时行全部关闭，因此将行引脚赋值为 0000 0000；……；依次类推。快速扫描，就会感觉整个 LED 点阵显示了一个数字，这个过程和数码管的动态扫描显示十分相似。

2. LED 点阵的驱动

由 LED 点阵的原理我们可以知道，要驱动一个 8×8 LED 点阵需要 16 个 I/O 口，如果全部由单片机 I/O 口来驱动，将会使用 16 个 I/O 口，十分浪费，因此可以参照数码管的驱动方式，采用两片 74HC595 级联驱动，如图 4-10 所示。

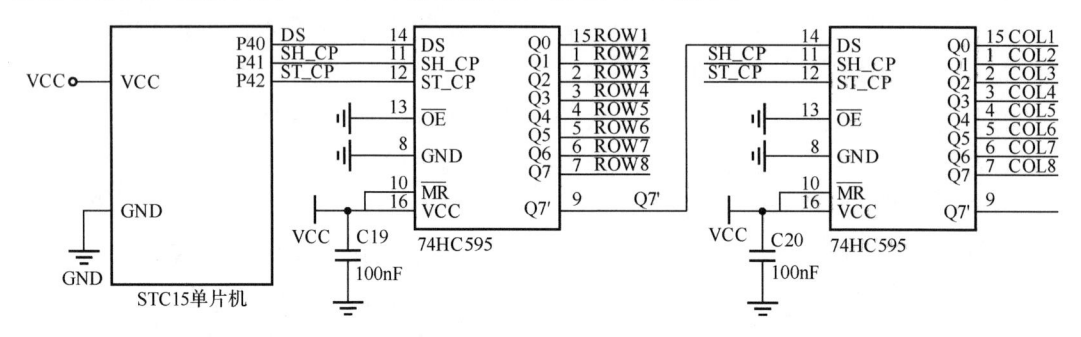

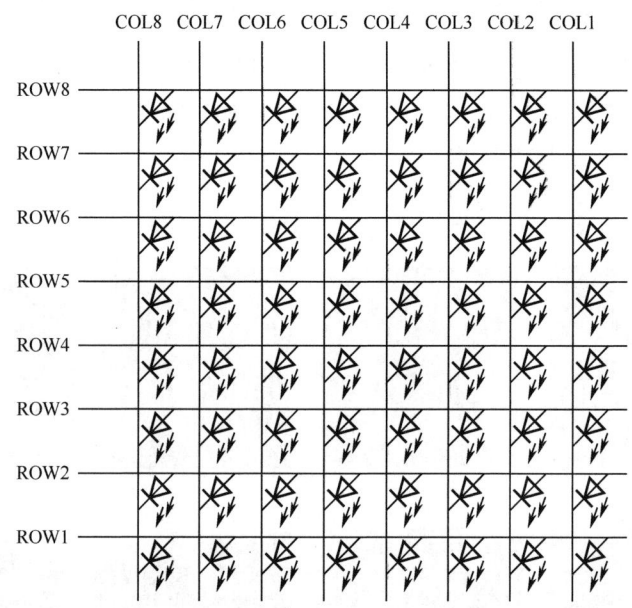

图 4-10 采用两片 74HC595 级联驱动 8×8 LED 点阵

任务实施

将两片 74HC595 级联，控制 8×8 LED 点阵的动态扫描显示。要求：在 8×8 LED 点阵上显示数字"7"（系统时钟频率为 12MHz）。

1．原理图设计

将两片 74HC595 级联实现 8×8 LED 点阵动态扫描显示的原理图和图 4-10 相同。

2．程序设计

将两片 74HC595 级联实现 8×8 LED 点阵动态扫描显示的代码如下：

```
1 #include <STC15F2K60S2.H>
2 #include <intrins.h>
3 #define A74HC595_DS        P40            //定义 74HC595 DS 引脚的控制 I/O 口
```

```c
4 #define A74HC595_SH_CP    P41         //定义 74HC595 SH_CP 引脚的控制 I/O 口
5 #define A74HC595_ST_CP    P42         //定义 74HC595 ST_CP 引脚的控制 I/O 口
6 unsigned int ColRefreshCount=0;       //列刷新控制位
7 code char ROW[]={0x00,0x00,0x20,0x20,0x2e,0x30,0x00,0x00};   //行选编码的编码表
8 code char COL[]={0x7f,0xbf,0xdf,0xef,0xf7,0xfb,0xfd,0xfb};   //列选编码的编码表
9 //74HC595 移位寄存器控制函数，先移 Bit 位，再移 Seg 位
10 void HC595_WrOneByte(unsigned char Bit,unsigned char Seg)
11 {
12     unsigned char i = 0;
13     //通过 8 次循环将 8 位数据一次性移入 74HC595
14     for(i=0;i<8;i++)
15     {
16         A74HC595_DS = (bit)(Bit & 0x80);   //取出 Bit 最高位
17         A74HC595_SH_CP = 0;                //模拟上升沿低电平
18         Bit <<= 1;                         //Bit 左移一位，取次高位
19         A74HC595_SH_CP = 1;                //模拟上升沿高电平
20     }
21     for(i=0;i<8;i++)
22     {
23         A74HC595_DS = (bit)(Seg & 0x80);   //取出 Seg 最高位
24         A74HC595_SH_CP = 0;                //模拟上升沿低电平
25         Seg <<= 1;                         //Seg 左移一位，取次高位
26         A74HC595_SH_CP = 1;                //模拟上升沿高电平
27     }
28     //数据并行输出（借助 ST_CP 上升沿）
29     A74HC595_ST_CP = 0;
30     _nop_();
31     _nop_();
32     A74HC595_ST_CP = 1;
33 }
34 void Timer0Init(void)                   //2ms 定时器初始化函数
35 {
36     AUXR &= 0x7F;                       //设置定时器时钟为 12T 模式
37     TMOD &= 0xF0;                       //设置定时器工作方式
38     TL0 = 0x30;                         //设置定时器初始值
39     TH0 = 0xF8;                         //设置定时器初始值
40     TF0 = 0;                            //清除 TF0
41     TR0 = 1;                            //T0 开始计时
42     ET0 = 1;                            //打开 T0 溢出中断开关
43     EA = 1;                             //打开总中断
44 }
```

```
45 void main()
46 {
47     P4M0=0x00;                               //I/O 口初始化
48     P4M1=0x00;
49     Timer0Init();                            //定时器初始化
50     while(1);
51 }
52
53 void Timer0Isr()    interrupt 1
54 {
55        ColRefreshCount++;                    //LED 点阵列刷新控制位计数
56        if(ColRefreshCount==8)                //计数范围为 0～7，代表 8 列 LED 点阵
57             ColRefreshCount=0;
58        HC595_WrOneByte(0xFF,0xFF);           //关闭所有 LED 点阵显示，用于消隐
59        HC595_WrOneByte(COL[ColRefreshCount],ROW[ColRefreshCount]);
//对第 1～8 列 LED 点阵进行刷新
60 }
```

第 7～8 行：根据图 4-8 所示的共阴极 8×8 LED 点阵内部电路结构，定义行选编码和列选编码的编码表。

第 55 行：8×8 LED 点阵共有 8 列，因此 ColRefreshCount 变量的计数范围为 0～7，以控制每一列的动态扫描显示。

第 59 行：根据 ColRefreshCount 的值，通过 74HC595 移位寄存器控制函数，依次快速扫描 8×8 LED 点阵的每一列，以实现 8×8 LED 点阵的动态扫描显示。

课后拓展

1. 将 4 片 74HC595 级联，控制 16×16 LED 点阵的动态扫描显示。要求：在 LED 点阵上显示汉字"中"（系统时钟频率为 12MHz）。

2. 编写程序，要求：在上一题程序的基础上，显示滚动的汉字"中国加油"。

任务 4-5 独立按键的动态扫描检测

◦•➡ 工作任务

在嵌入式系统设计中，按键扫描是一项基础且重要的功能。教学情境三实现了按键的检测，但是按键扫描过程中存在的延时和按键检测执行效率低问题直接影响用户的操作体验，下面我们使用定时器动态扫描技术解决上述问题。

本任务在教学情境三的基础上，引入定时器动态扫描技术，实现按键的检测。

◦•➡ 思路指导

使用定时器动态扫描技术，通过计数实现按键的延时处理。

◦•➡ 相关知识

1. 按键延时消抖的问题

在教学情境三中，我们学习了按键抖动的一般处理方法，并给出了软件消抖程序，其需要在 while(1)循环中不断执行按键扫描程序，按键扫描程序如下：

```
if(KEY1==0)                    //判断按键是否被按下
{
    DelayMS(3);                //软件消抖
    if(KEY1==0)                //再次确认按键被按下
    {
                               /*执行按键动作*/
        while(KEY1==0);        //等待按键被释放
    }
}
```

上述程序存在以下两个问题。

问题一：延时 3ms 是长是短呢？单片机在 3ms 内能干很多事，延时 3ms 势必会让单片机的运行效率变得非常低。

问题二：判断按键释放时使用 while(KEY1==0)语句，若工程师开发的程序是自己用，或许清楚按一下按键后松手才会执行后面的程序，可是工程师开发的程序大多数不是自己用，如果用户按下后不松手，等着数值加或者减，那么程序会"卡死"在 while(KEY1==0)这里。

鉴于以上情况，下面对程序进行改进。这里要介绍的是定时器扫描消抖法，其在如何改进程序、如何让程序健壮、如何节省单片机的 CPU 资源等方面值得被借鉴。

2. 使用定时器扫描任务

在编写程序的过程中经常会遇到周期性的任务扫描，如对环境温度进行采集的扫描任务，因为温度的变化速率比较慢，我们不用时时刻刻对任务进行扫描，所以可以将扫描周期改为 1s，甚至 10s。如果采用 DelayMS()函数来实现这种任务，会大幅影响程序的运行效率。下面以温度采集任务（每 10s 采集一次温度）为例，给出定时器扫描任务的一般框架。

```
1 #include <STC15F2K60S2.H>
2 unsigned int TempTimeCount=0;         //定义温度计数累加变量
3 float TempVal=0.0;                    //定义温度值
4 void Timer0Init(void)                 //2ms 定时器初始化函数
5 {
6     AUXR &= 0x7F;                     //设置定时器时钟为 12T 模式
7     TMOD &= 0xF0;                     //设置定时器的工作方式
8     TL0 = 0x30;                       //设置定时器初始值
9     TH0 = 0xF8;                       //设置定时器初始值
10    TF0 = 0;                          //清除 TF0
11    TR0 = 1;                          //T0 开始计时
12    ET0 = 1;                          //打开 T0 溢出中断开关
13    EA = 1;                           //打开总中断
14 }
15 float ReadTemperTask()                //读取温度任务
16 {
17    if(TempTimeCount>=5000)           //读温度时间控制，2×5000=10000ms=10s
18    {
19        TempCountTime=0;              //清除温度计数累加变量
20        TempVal = ReadTemper();       //读取温度
21    }
22 }
23 void main()
24 {
25    Timer0Init();                     //定时器初始化
26    while(1)
27    {
28        ReadTemperTask();             //在主循环中扫描读取温度任务
29        ......                        //按照相同的方法对其他任务依次进行扫描
30    }
```

```
31}
32void Timer0Isr()    interrupt 1
33{
34    TempTimeCount++;                    //温度计数累加变量加 1
35}
```

第 2 行：定义一个温度计数累加变量，用于控制扫描周期计数。

第 4～14 行：2ms 定时器初始化函数，用于时间控制。

第 15～22 行：读取温度任务，用 TempTimeCount 控制扫描周期计数，这里最大计数值为 5000，所以扫描周期为 10s。

第 28 行：在 while(1)循环中扫描读取温度任务。

第 34 行：每 2ms 对 TempTimeCount 变量进行一次累加计数。

任务实施

在任务 3-1 的基础上，使用定时器实现 4 个按键的消抖程序，4 个按键分别接在 STC15 单片机的 P10 引脚、P20 引脚、P30 引脚、P40 引脚上，4 只 LED 分别接在 STC15 单片机的 P11 引脚、P21 引脚、P31 引脚、P41 引脚上。

1．原理图设计

用定时器实现 4 个按键消抖的原理图如图 4-11 所示。

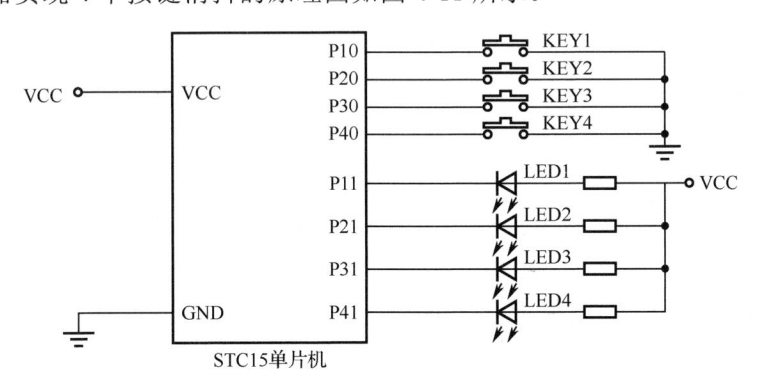

图 4-11 用定时器实现 4 个按键消抖的原理图

2．程序设计

用定时器实现 4 个按键消抖的代码如下：

```
1    #include <STC15F2K60S2.H>
2    #define KEY1    P10            //定义按键的控制 I/O 口
3    #define KEY2    P20
```

```
4    #define KEY3      P30
5    #define KEY4      P40
6    #define LED1      P11              //定义 LED 的控制 I/O 口
7    #define LED2      P21
8    #define LED3      P31
9    #define LED4      P41
10   unsigned char KeyTimeCount=0;      //定义按键计数累加变量
11   unsigned char   ReadKey(void)      //读取 4 个按键键值
12   {
13       unsigned char Key=0;           //定义按键键值变量
14       Key |=!KEY1;                   //读取第一个按键的控制 I/O 口状态,取反后与按键键值取或
15       Key<<=1;                       //按键键值左移一位,以读取第二个按键的控制 I/O 口状态
16
17       Key |=!KEY2;                   //读取第二个按键的控制 I/O 口状态,取反后与按键键值取或
18       Key<<=1;                       //按键键值左移一位,以读取第三个按键的控制 I/O 口状态
19
20       Key |=!KEY3;                   //读取第三个按键的控制 I/O 口状态,取反后与按键键值取或
21       Key<<=1;                       //按键键值左移一位,以读取第四个按键的控制 I/O 口状态
22
23       Key |=!KEY4;                   //读取第四个按键的控制 I/O 口状态,取反后与按键键值取或
24       return Key;                    //返回按键键值
25   }
26   unsigned char KeyScanTask(void)    //按键扫描程序
27   {
28       unsigned char KeyVal=0,KeyNum=0;   //定义键值和按键编码
29       static bit keyflag=0;              //定义按键按下确认标志位
30       static unsigned char KeyTimes=0,KeyCode=0;  //定义 KeyTimes 为按键被按下的次数(时间)
累计值,KeyCode 为消抖后的键值
31       if(KeyTimeCount<2)    return 0;    //控制按键扫描任务每 4ms 运行一次
32       KeyTimeCount=0;                    //将 KeyTimeCount 清 0
33       KeyVal=ReadKey();                  //读取按键键值
34       if((KeyVal&0x0F)!=0x00)            //判断是否有按键被按下
35       {
36           if(!keyflag)                   //若按键没有被按下,则执行下面的程序
37           {
38               KeyTimes++;                //按键被按下次数(时间)累计
39               if(KeyTimes>=2)
//若按键被按下的次数大于 2 次,则确认按键被按下,起到消抖的作用
40               {
41                   keyflag=1;             //将按键按下确认标志位 keyflag 置 1
```

```
42              KeyCode=ReadKey() & 0x0F;         //读取消抖后的键值
43          }
44      }
45  }
46  else
47  {
48      if(keyflag)                                //按键被释放
49      {
50          switch(KeyCode)                        //根据消抖后的键值判断哪个按键被按下
51          {
52              case 0x01: KeyNum=1;   break;     //第一个按键被按下,将 KeyNum 置 1
53              case 0x02: KeyNum=2;   break;     //第二个按键被按下,将 KeyNum 置 2
54              case 0x04: KeyNum=3;   break;     //第三个按键被按下,将 KeyNum 置 3
55              case 0x08: KeyNum=4;   break;     //第四个按键被按下,将 KeyNum 置 4
56          
57          }
58          keyflag=0;                             //清除按键按下确认标志位
59          KeyCode=0;                             //清除消抖后的键值
60      }
61      KeyTimes=0;                                //清除按键被按下次数(时间)累计值
62  
63  }
64      return KeyNum;                             //返回按键编码
65  }
66  void Timer0Init(void)                          //2ms 定时器初始化函数
67  {
68      AUXR &= 0x7F;                              //设置定时器时钟为 12T 模式
69      TMOD &= 0xF0;                              //设置定时器的工作方式
70      TL0 = 0x30;                                //设置定时器初始值
71      TH0 = 0xF8;                                //设置定时器初始值
72      TF0 = 0;                                   //清除 TF0
73      TR0 = 1;                                   //T0 开始计时
74      ET0 = 1;                                   //打开 T0 溢出中断开关
75      EA = 1;                                    //打开总中断
76  }
77  void KeyProcess(char keyVal)                   //按键处理程序
78  {
79      switch(keyVal)
80      {
81          case 1:                                //第一个按键被按下处理程序
```

```
82              LED1=!LED1;
83              break;
84          case 2:                        //第二个按键被按下处理程序
85              LED2=!LED2;
86              break;
87          case 3:                        //第三个按键被按下处理程序
88              LED3=!LED3;
89              break;
90          case 4:                        //第四个按键被按下处理程序
91              LED4=!LED4;
92              break;
93      }
94  }
95  void main()
96  {
97      char val =0;
98      P0M0=0x00;                         //I/O 口初始化
99      P0M1=0x00;;
100     Timer0Init();                      //定时器初始化
101     while(1)
102     {
103         val = KeyScanTask();           //按键扫描任务
104         KeyProcess(val);               //按键处理程序
105     }
106 }
107 void Timer0_Isr() interrupt 1          //中断服务程序
108 {
109     KeyTimeCount++;                    //按键扫描周期计数
110 }
```

第1～9行：采用宏定义方式定义按键和LED的控制I/O口。

第11～25行：读取4个按键的控制I/O口状态，将其存入到Key变量中并返回，由原理图可知，按键被按下后读取到的值为0，因此在读取按键键值程序中进行了取反和或操作，将其移入Key变量。例如，若读取到的值为0000 0001，那么表示第4个按键KEY4被按下。

第26～65行：按键扫描程序，程序中采用KeyTimes变量的累加值进行消抖操作，最后返回KeyNum，请同学们按照注释仔细分析其中的原因。

第77～94行：按键处理程序，根据键值（形参keyVal）判断哪个按键被按下，然后执行相应的操作，本程序分别对 4 只 LED 进行了取反操作。

第 101～105 行：在 while(1)循环中，对按键扫描任务和按键处理程序两个任务进行扫描。

课后拓展

在任务 3-2 的基础上，使用定时器编写 4×4 矩阵按键的消抖程序。

任务 4-6　综合实训

➡ 工作任务

电子秒表是人们日常生活中常用的计时仪器，它能够简单地实现计时、清 0 等功能，从一年一度的校级运动会到世界杯、奥运会，都能看到电子秒表的身影。下面将详细分析电子秒表的计时策略和实现方法，并给出相应的设计方案。

通过前面五个任务的学习，我们已经学会了使用单片机定时器中断的控制方法，数码管、LED 点阵的动态扫描显示，以及独立按键的动态扫描检测，本任务为综合实训，将上述任务结合在一起，设计一个电子秒表。

➡ 思路指导

本任务将使用按键、数码管，根据数码管的动态扫描显示及独立按键的动态扫描检测，结合定时器中断完成电子秒表的设计。

➡ 任务实施

应用 IAP15L2K61S2 及简单的外围电路，设计制作一个电子秒表，初始时间值为"00.00"。按下"启停"按键后，电子秒表开始计时，再次按下"启停"按键，电子秒表停止计时；按下"清除"按键后，时间恢复为"00.00"，电子秒表处于就绪状态，时间精度控制为 0.01s。

1. 原理图设计

由于电子秒表需要显示四位数字，因此本任务采用四位一体共阳极数码管进行设计，按照任务 4-3 的设计方法，采用 P40、P41、P42 三个 I/O 口控制两片 74HC595 以扩展 I/O 口，实现对数码管的控制。按照任务要求，需要使用两个按键，因此采用独立按键的设计方法，采用 P10、P11 两个 I/O 口实现独立按键的动态扫描检测。电子秒表的原理图如图 4-12 所示。

2. 程序设计

本控制程序有三个任务，按键扫描任务、按键处理任务和数码管显示任务。使用定时器对前两个任务进行扫描。

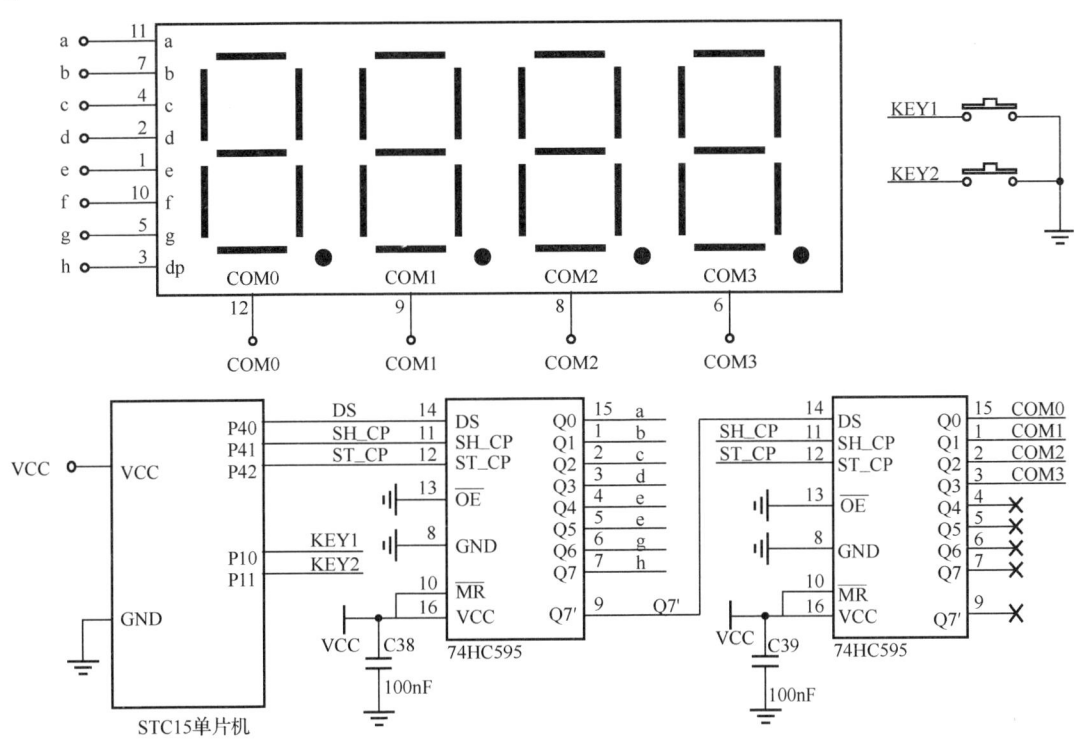

图 4-12　电子秒表的原理图

电子秒表的代码如下：

```
1   #include <STC15F2K60S2.H>
2   #include <intrins.h>
3   #define    KEY1           P10                  //定义按键的控制 I/O 口
4   #define    KEY2           P11
5   #define    A74HC595_DAT   P40                  //定义 74HC595 的控制 I/O 口
6   #define    A74HC595_LCK   P42
7   #define    A74HC595_SCK   P41
8   unsigned char code BIT_TAB[]={0x01,0x02,0x04,0x08};    //位码编码表
9   unsigned char code SEG_TAB[]={0xc0,0xf9,0xa4,0xb0,0x99,0x92,0x82,0xf8,0x80,0x90,0x88,0x83,0xc6,0xa1,0x86,0x8e};
//段码编码表
10  unsigned char DigTubeCount = 0;                //数码管刷新计数
11  unsigned int DispNumTimeCount = 0;             //数码管刷新时间计数
12  int DispNum = 0;                               //数码管时间显示变量
13  bit StartFlag =0;                              //计时启停标志位
14  unsigned char KeyTimeCount=0;                  //按键计数累加变量
15  unsigned char    ReadKey(void)                 //读取 4 个按键键值
16  {
17      unsigned char Key=0;                       //定义按键键值
```

```
18      Key |=!KEY1;                //读取第一个按键的控制 I/O 口状态，取反后与按键键值取或
19      Key<<=1;                    //按键键值左移一位，以读取第二个按键的控制 I/O 口状态
20      Key |=!KEY2;                //读取第二个按键的控制 I/O 口状态，取反后与按键键值取或
21      P3=Key;
22      return Key;                 //返回按键键值
23 }
24 unsigned char KeyScanTask(void)  //按键扫描程序
25 {
26      unsigned char KeyVal=0,KeyNum=0;   //定义键值和按键编码
27      static bit keyflag=0;              //定义按键按下确认标志位
28      static unsigned char KeyTimes=0,KeyCode=0; //定义 KeyTimes 为按键按下次数（时间）累计值，
KeyCode 为消抖后的键值
29      if(KeyTimeCount<4)    return 0;   //控制按键扫描程序每 4ms 运行一次
30      KeyTimeCount=0;                   //将 KeyTimeCount 累计值清 0
31      KeyVal=ReadKey();                 //读取按键键值
32      if((KeyVal&0x03)!=0x00)           //判断是否有按键被按下
33      {
34          if(!keyflag)                  //若按键没有被按下，则执行下面的程序
35          {
36              KeyTimes++;               //按键按下次数（时间）自加 1
37              if(KeyTimes>=2)
//若按键被按下次数大于 2 次，则确认按键被按下，起到消抖的作用
38              {
39                  keyflag=1;            //将按键按下确认标志位 keyflag 置 1
40                  KeyCode=ReadKey() & 0x03; //读取消抖后的键值
41              }
42          }
43      }
44      else
45      {
46          if(keyflag)                   //按键被释放
47          {
48              switch(KeyCode)           //根据消抖后的键值，判断哪个按键被按下
49              {
50                  case 0x01: KeyNum=1;  break;  //第一个按键被按下，将 KeyNum 置 1
51                  case 0x02: KeyNum=2;  break;  //第二个按键被按下，将 KeyNum 置 2
52
53              }
54              keyflag=0;                //清除按键按下确认标志位
55              KeyCode=0;                //清除消抖后的键值
56          }
```

```
57            KeyTimes=0;                          //清除按键按下次数（时间）累计值
58      }
59      return KeyNum;                             //返回按键编码
60 }
61 void Timer0Init(void)                           //1ms 定时器初始化函数
62 {
63      AUXR |= 0x80;                              //设置定时器时钟为 1T 模式
64      TMOD &= 0xF0;                              //设置定时器的工作方式
65      TL0 = 0x20;                                //设置定时器初始值
66      TH0 = 0xD1;                                //设置定时器初始值
67      TF0 = 0;                                   //清除 TF0
68      TR0 = 1;                                   //T0 开始计时
69      ET0 = 1;                                   //打开 T0 溢出中断开关
70      EA = 1;                                    //打开总中断
71 }
72 void HC595_WrOneByte(unsigned char Bit,unsigned char Seg)
73 {
74      unsigned char i = 0;
75      for(i=0;i<8;i++)                           //位码移位
76      {
77            A74HC595_DAT = (bit)(Bit & 0x80);    //取最高位
78            A74HC595_SCK = 0;                    //模拟上升沿
79            Bit <<= 1;
80            A74HC595_SCK = 1;
81      }
82      for(i=0;i<8;i++)                           //段码移位
83      {
84            A74HC595_DAT = (bit)(Seg & 0x80);    //取最高位
85            A74HC595_SCK = 0;                    //模拟上升沿
86            Seg <<= 1;
87            A74HC595_SCK = 1;
88      }
89      A74HC595_LCK = 0;                          //模拟上升沿，锁存输出
90      _nop_();
91      _nop_();
92      A74HC595_LCK = 1;
93 }
94 void KeyProcess(char keyVal)                    //按键处理程序
95 {
96      switch(keyVal)
97      {
```

```c
98        case 1:                              //第一个按键被按下的处理程序
99            StartFlag = !StartFlag;          //启动/停止切换
100           break;
101       case 2:                              //第二个按键被按下的处理程序
102           DispNum=0;                       //清除数码管时间显示变量
103           StartFlag=0;                     //清除计时启停标志位
104           break;
105   }
106 }
107 void DigTubeRefresh()
108 {
109     if(DispNumTimeCount<2)   return;        //数码管每 2ms 刷新一次
110     DispNumTimeCount=0;
111     if(++DigTubeCount>=4)   DigTubeCount=0; //4 个数码管依次刷新
112     HC595_WrOneByte(0xFF,0xFF);             //关闭数码管，防止数码管闪烁
113     switch(DigTubeCount)                    //根据数码管刷新计数依次刷新数码管
114     {
115         case 0:HC595_WrOneByte(BIT_TAB[0],SEG_TAB[DispNum/1000]); break;
                                                //刷新第一个数码管
116         case 1:HC595_WrOneByte(BIT_TAB[1],SEG_TAB[DispNum%1000/100]&0x7F); break;
                                                //刷新第二个数码管
117         case 2:HC595_WrOneByte(BIT_TAB[2],SEG_TAB[DispNum%100/10]); break;
                                                //刷新第三个数码管
118         case 3:HC595_WrOneByte(BIT_TAB[3],SEG_TAB[DispNum%10]); break;
                                                //刷新第四个数码管
119         default: break;
120     }
121 }
122 void main()
123 {
124    char val =0;
125    P1M0=0X00;                               //I/O 口初始化
126    P1M1=0X00;
127    P4M0=0X00;
128    P4M1=0X00;
129    Timer0Init();                            //定时器初始化
130    while(1)
131    {
132        val = KeyScanTask();                 //按键扫描
133        KeyProcess(val);                     //按键处理
134        DigTubeRefresh();                    //数码管刷新
```

```c
135     }
136 }
137 void Timer0_Isr() interrupt 1
138 {
139     static char time_10s=0;
140     KeyTimeCount++;                    //按键计数累加变量加 1
141     DispNumTimeCount++;                //数码管刷新时间计数加 1
142     if(StartFlag)                      //启动计数
143     {
144         if(++time_10s>=10)             //每 10ms 计数一次，精度为 0.01s
145         {
146             time_10s=0;
147             DispNum++;
148         }
149 }
```

第 3~7 行：定义按键、74HC595 的控制 I/O 口。

第 8~9 行：定义数码管的位码编码表和段码编码表。

第 15~23 行：读取按键键值函数，通过移位操作，将按键键值保存在 Key 变量中。

第 24~60 行：按键扫描程序，具体实现过程参考任务 4-5。

第 61~71 行：1ms 定时器初始化函数，初始化定时器的中断时间为 1ms。

第 72~93 行：74HC595 移位寄存器控制函数，其中 Bit 表示数码管的位码，Seg 表示数码管的段码，通过该函数实现在特定的位上显示相应的数字。

第 94~106 行：按键处理程序，第一个按键控制电子秒表的启动和停止；第二个按键被按下后，清除数码管时间显示变量。

第 107~121 行：数码管刷新函数，每 2ms 刷新一次，每次动态更新一个数码管，通过 DigTubeCount 控制数码管依次动态刷新。

第 130~135 行：通过 while(1)循环对按键扫描任务、按键处理任务和数码管显示三个任务同时进行刷新。

第 137~149 行：在中断服务程序中，对不同任务进行计数控制。其中，KeyTimeCount 为按键计数累加变量，用于控制按键消抖的时间间隔；DispNumTimeCount 为数码管刷新时间计数，用于控制数码管刷新周期；DispNum 数码管时间显示变量（每 10ms 计数一次，精度为 0.01s）。

课后拓展

在任务 4-6 的基础上，对数码管显示电路进行修改，利用 LED 点阵实现电子秒表，采用 EDA 软件绘制原理图和 PCB 图，制作 PCB 样板，焊接元器件，调试、下载程序，实现 LED 点阵电子秒表设计。

单元小结

本教学情境以定时器为对象，讲解了不同外设的轮询扫描控制方法，该部分内容是单片机编程的核心内容，学生应该熟练掌握。本教学情境首先介绍了定时器查询控制；然后从中断的原理入手，给出了利用定时器编程的基本框架，通过数码管的动态扫描显示、LED 点阵的动态扫描显示、独立按键的动态扫描检测三个任务分析了定时器控制不同外设的编程方法；最后综合前面所学知识，讲解了电子秒表的设计，使学生能灵活应用所学知识解决实际问题。

思考与练习

一、填空题

1. 单片机定时器编程的方法有_____和_____两种。

2. 若要允许 T0 计数，则应该将 TR0 的值设置为_____。

3. STC15 单片机外部中断 1 的中断号为_____。

4. 为节省单片机 I/O 口的使用数量，常用的 LED 点阵驱动芯片有_____和_____。

5. 数码管的动态扫描显示是利用_____原理完成的。

二、填空题

1. 单片机系统时钟频率为 12MHz，当定时器运行在 12T 模式下时，计数周期为（   ）。

   A. 1μs　　　　B. 2μs　　　　C. 0.0833μs　　　　D. 12μs

2. 单片机系统时钟频率为12MHz，当 T0 运行在1T 模式，定时周期为2ms 时，TL0 和 TH0 应该设置为（   ）。

   A. 0xa2、0x40　　B. 0x40、0xa2　　C. 0x50、0xb2　　D. 0x00、0xff

3. 使用 STC15 单片机编程时，中断服务程序必须添加关键字（   ）。

   A. time0　　　　B. ext0　　　　C. time1　　　　D. interrupt

4. 中断允许寄存器中，控制总中断的位为（   ）。

A．ET0　　　　B．TR0　　　　C．EA　　　　D．EX0

5．数码管的动态刷新时间一般设置为（　　）。

A．2μs　　　　B．2ms　　　　C．20ms　　　　D．200ms

三、综合题

1．编写程序，要求：通过按键控制单片机 P10 引脚输出频率为 1000Hz、不同占空比（10%、50%、90%）的信号，并通过数码管显示当前占空比。

2．编写程序，通过按键控制四位一体数码管计数，要求如下。

（1）计数范围为-99～99。

（2）按键1控制计数值加1，加到99后，计数值变为-99。

（3）按键2控制计数值减1，减到-99后，计数值变为99。

（4）按键3控制计数值清0。

（5）未使用的数码管关闭。

3．参考任务4-5的程序，使用定时器编写矩阵按键的动态扫描检测程序。

教学情境五　串口触摸屏通信控制系统设计

问题引入

前面任务讲解了单片机的 I/O 口控制、定时器及中断系统，这些都属于单片机内部控制，可以实现单片机在本地的灵活控制。然而在实际工作中，我们经常会遇到单片机与外界通信的任务，即将单片机内部的数据通过串行方式发送出去，或者接收外设发送过来的数据。本教学情境旨在介绍如何通过单片机串口实现不同设备之间的通信。

本教学情境包含 4 个任务，对使用串口过程中的相关知识和技能要求进行详细说明。这 4 个任务分别为：串口数据的发送、串口数据的接收、串口数据帧的接收及综合实训。本教学情境属于单片机课程中接口技术的相关内容，学生将通过这些任务逐步理解和掌握串口的设计原理、数据的发送和接收、通信协议等内容，进而灵活地掌握串口通信编程的技巧和方法。

知识目标

1. 掌握单片机串口的相关寄存器。
2. 掌握单片机串口数据发送的原理。
3. 掌握数据帧的处理方法。
4. 掌握单片机串口数据接收的原理。
5. 掌握单片机串口数据帧接收的原理。
6. 掌握串口触摸屏的原理。
7. 掌握串口通信协议的相关知识。

技能目标

1. 能够编写串口数据发送程序。
2. 能够编写串口数据接收程序。
3. 能够编写串口数据帧接收程序。
4. 能够编写串口触摸屏通信程序。

任务 5-1 串口数据的发送

◆ 工作任务

串口数据传输在众多领域中有广泛的应用。例如，在工业自动化领域，传感器与控制器间经常采用串行通信方式进行数据交换；在消费电子产品领域，全球定位系统设备与条码扫描器经常借助串口与计算机或其他设备实现互联。本任务将通过串口向计算机发送数据，开启对单片机与外设通信机制的探索。

本任务以 IAP15L2K61S2 为主控芯片，通过串口向计算机发送数据，实现通信功能。

◆ 思路指导

查阅数据手册及单片机串口的设置方法，学习通过串口向外设发送数据、字符和数据帧的方法。

◆ 相关知识

1. 单片机的串口

STC15 单片机有串口的功能，开发板上搭载的 IAP15 单片机有 4 个全双工高速异步串口。

要想熟练地应用串口进行通信，就必须掌握与其有关的特殊功能寄存器，要会查、会读、会写。

（1）串口 1 控制寄存器 SCON。

SCON 用于设置串口 1 的工作方式、监视串口 1 的工作状态、控制数据的发送与接收状态等。该寄存器是特殊功能寄存器，字节地址为 0x98，复位值为 0x00。该寄存器既可字节寻址，又可位寻址，其各位的定义如表 5-1 所示。

表 5-1 SCON 各位的定义

位	D7	D6	D5	D4	D3	D2	D1	D0
名称	SM0/FE	SM1	SM2	REN	TB8	RB8	TI	RI

SM0/FE：当电源控制寄存器 PCON 中的 SMOD0 为 1 时，该位用于检测帧错误。当检测到一个无效停止位时，通过 UART 接收器设置该位。它必须由软件清 0。当 PCON 中的 SMOD0 为 0 时，该位和 SM1 一起指定串口 1 的工作方式。

SM1：该位和 SM0/FE 一起指定串口 1 的工作方式，其状态组合所对应的工作方式如表 5-2 所示。

表 5-2　SM1 和 SM0 的状态组合所对应的工作方式

SM0	SM1	工作方式	功能说明	描述
0	0	方式 0	同步移位串行方式：移位寄存器	当 AUXR 中的 UART_M0x6 = 0 时，波特率是 SYSclk/12；当 AUXR 中的 UART_M0x6 = 1 时，波特率是 SYSclk/2
0	1	方式 1	8 位 UART 波特率可变	当串口 1 以定时器 T1（方式 0）或定时器 T2 为波特率发生器时，波特率=定时器溢出率/4，此时波特率与 SMOD 无关；当串口 1 以定时器 T1（方式 2）为波特率发生器时，波特率=（2^{SMOD}/32）×定时器 T1 的溢出率
1	0	方式 2	9 位 UART	波特率=（2^{SMOD}/64）×系统时钟频率 SYSclk
1	1	方式 3	8 位 UART 波特率可变	当串口 1 以定时器 T1（方式 0）或定时器 T2 为波特率发生器时，波特率=定时器溢出率/4，此时波特率与 SMOD 无关；当串口 1 以定时器 T1（方式 2）为波特率发生器时，波特率 =（2^{SMOD}/32）×定时器 T1 的溢出率

SM2：允许方式 2 或者方式 3 多机通信控制位。当串口 1 处于方式 2 或者方式 3 时，如果 SM2 为 1，则接收机处于筛选地址帧状态。此时可以利用接收到的第 9 位数据（RB8）来筛选地址帧。若 RB8 为 1，说明该帧为地址帧，地址信息可以进入串行数据缓冲器 SBUF，并使得 RI 置 1，进而在中断服务程序中进行地址信息比较；若 RB8 为 0，说明该帧不是地址帧，应丢掉并保持 RI 为 0。

当串口 1 处于方式 2 或者方式 3 时，如果 SM2 为 0 且 REN 为 1，则接收机处于禁止筛选地址帧状态。无论接收到的 RB8 是否为 1，均可使接收数据进入 SBUF，并使得 RI 置 1，此时 RB8 通常为校验位。

REN：允许/禁止串行接收控制位。当 REN 为 1 时，允许串行接收，可以启动串行接收器 RxD，开始接收数据；当 REN 为 0 时，禁止串行接收，禁止启动串行接收器 RxD。

TB8：当串口 1 处于方式 2 或者方式 3 时，该位是要发送的第 9 位数据，按需要由软件置 1 或者清 0，其可用作发送数据的奇偶校验位或者多机通信中表示地址帧/数据帧的标志位。

RB8：当串口 1 处于方式 2 或者方式 3 时，该位是要接收的第 9 位数据，可用作接收数据的奇偶校验位或者多机通信中表示地址帧/数据帧的标志位。

TI：发送中断请求标志位。在方式 0 下，当第 8 位串行数据发送结束时，由硬件自动将该位置 1，向 CPU 发出中断请求。当 CPU 响应中断后，必须由软件将该位清 0。在其他方式下，则在停止位开始发送时由硬件将该位置 1，向 CPU 发出中断请求，当 CPU 响应中断后，由软件将该位清 0。

RI：接收中断请求标志位。在方式 0 下，当第 8 位串行数据接收结束时，由硬件自动将该位置 1，向 CPU 发出中断请求。当 CPU 响应中断后，必须由软件将该位清 0。在其他方式下，则在接收到停止位的中间时刻由硬件将该位置 1，向 CPU 发出中断请求，当 CPU 响应中断后，由软件将该位清 0。

注意：当发送或者接收完一帧数据时，硬件都会分别置位 TI 和 RI，无论哪个置位，都会向 CPU 发出中断请求，所以 CPU 不知道是发送中断请求还是接收中断请求，因此我们在中断服务程序中需要通过软件查询的方式来确定中断源。

（2）电源控制寄存器 PCON。

PCON 也是特殊功能寄存器，字节地址为 0x87，不能位寻址，复位值为 0x30。PCON 各位的定义如表 5-3 所示。

表 5-3 PCON 各位的定义

位	D7	D6	D5	D4	D3	D2	D1	D0
名称	SMOD	SMOD0	LVDF	POF	GF1	GF0	PD	IDL

PCON 不仅与串口有关，还和中断有关，限于篇幅，中断部分这里不赘述，请读者自行查阅数据手册。这里介绍与串口有关的位定义。

SMOD：波特率选择位。当该位为 1 时，则使串口 1 为方式 1、方式 2 和方式 3 时的波特率加倍；当该位为 0 时，则使各工作方式的波特率不加倍。

SMOD0：帧错误检测有效控制位。当该位为 1 时，SCON 中的 SM0/FE 用于检测帧错误；当该位为 0 时，SCON 中的 SM0/FE 用于和 SM1 一起指定串口 1 的工作方式。

（3）SBUF。

IAP15 单片机中 SBUF 的字节地址为 0x99，该寄存器实际上是两个缓冲寄存器（发送寄存器和接收寄存器），但是共用一个字节地址，以便能以全双工方式进行通信。此外，在接收寄存器之前还有移位寄存器，构成了串行接收的双缓冲结构，这样可以避免在接收数据过程中出现重叠错误。发送数据时，由于 CPU 是主动的一方，不会发生帧重叠错误，因此发送电路不需要双缓冲结构。

在逻辑上，SBUF 只有一个，它既表示发送寄存器，又表示接收寄存器，具有同一个字节地址 0x99。但在物理结构上，则有两个完全独立的缓冲寄存器：一个是发送寄存器，另一个是接收寄存器。如果 CPU 写 SBUF，则数据会被送入发送寄存器准备发送；如果 CPU 读 SBUF，则读入的数据一定来自接收寄存器。CPU 对 SBUF 的读写实际上是分别访问发送寄存器和接收寄存器。

（4）AUXR。

AUXR 也是特殊功能寄存器，字节地址是 0x8e，能位寻址，复位值是 0x01。AUXR

各位的定义如表 5-4 所示。

表 5-4　AUXR 各位的定义

位	D7	D6	D5	D4	D3	D2	D1	D0
名称	T0x12	T1x12	UART_M0x6	T2R	T2_C/T	T2x12	EXTRAM	SIST2

与定时器有关的位可参考前文中的内容，这里介绍与串口有关的 2 个位。

UART_M0x6：串口 1 在方式 0 下的通信速度设置位。当该位为 0 时，串口 1 在方式 0 下的波特率为系统时钟频率（SYSclk）的 1/12；当该位为 1 时，串口 1 在方式 0 下的波特率为系统时钟频率的 1/2。

SIST2：串口 1 选择波特率发生器的控制位。当该位为 0 时，选择定时器 T0 作为串口 1 的波特率发生器；当该位为 1 时，选择定时器 T2 作为串口 1 的波特率发生器。

（5）IE 和中断优先级寄存器 IP。

IE 的第 5 位为"ES"，即串口 1 中断允许位。当该位为 1 时，允许串口 1 中断；当该位为 0 时，禁止串口 1 中断。IP 的第 5 位为"PS"，即串口 1 中断优先级控制位。当该位为 0 时，串口 1 中断为最低优先级中断；当该位为 1 时，串口 1 中断为最高优先级中断（优先级为 1）。

2. 串口 1 初始化

串口 1 的初始化实际上是通过设置内部定时器来确定串口 1 的波特率，下面总结相关寄存器的设置步骤。

（1）SCON 的设置。以方式 1 为例：8 位 UART，波特率可变，允许串口 1 接收数据，由表 5-1 和表 5-2 可知，需要将 SCON 中的 SM0、SM1 分别置为 0、1，将 REN 置为 1。

对应的代码如下：

```
SCON = 0x50;
```

（2）设置波特率发生器和定时器的计数频率。这里使用串口 1，并选择定时器 T1 作为波特率发生器，设置定时器 T1 的时钟为 Fosc，即 1T 模式。由表 5-4 可知，需要将 AUXR 中的 SIST2 置为 0，并将 T1x12 置为 1。

对应的代码如下：

```
AUXR &= 0xFE;
AUXR |= 0x40;
```

(3)设置串口 1 的波特率,即 1s 发生中断的次数。以波特率 9600bit/s(晶振频率为 12MHz)为例,即 1s 需要中断 9600 次,这里需要设置定时器 T1 的工作方式为方式 0,由表 4-2 可知,将 TMOD 的高四位全部置为 0,通过计算需要设置 TL1 为 0xC7、TH1 为 0xFE。由于定时器 T1 作为波特率发生器,因此需要禁止该定时器发生中断,最后启动定时器。

对应的代码如下:

```
TMOD &= 0x0F;
TL1 = 0xC7;
TH1 = 0xFE;
ET1 = 0;
TR1 = 1;
```

串口 1 的初始化代码可由 STC-ISP 软件自动生成,如图 5-1 所示。

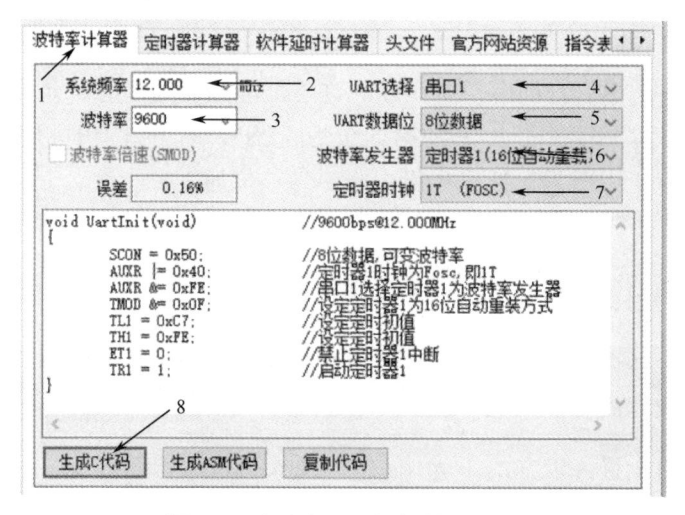

图 5-1 生成串口 1 的初始化代码

(1)打开"波特率计算器"选项卡。

(2)将系统时钟频率(图 5-1 中的系统频率)设置为"12.000MHz"。

(3)将波特率设置为 9600bit/s,其他常用的波特率还有 19200bit/s、115200bit/s 等。

(4)选择串口,这里选择"串口 1"。

(5)设置串口 1 的工作方式为方式 1,即在"UART 数据位"下拉列表中选择"8 位数据"选项。

(6)设置波特率发生器,这里选择"定时器 1(16 位自动重载)"选项。

注意:选择该定时器后,其就不能用作常规定时器了。

(7) 设置定时器时钟为"1T（FOSC）。"

(8) 单击"生成 C 代码"按钮，即可完成串口 1 的初始化。

上述生成的代码和自己设置的代码是一致的。图 5-1 中显示此时误差为 0.16%。如果在别的设置都不变的情况下，将系统时钟频率改为 11.0592MHz，那么误差将由 0.16%变为 0.00%，串口通信误差更小，这也是串口通信设计中将其系统时钟频率设置为 11.0592MHz 的原因。

根据前文描述可知，向定时器的寄存器中装入不同的初始值，会有不同的波特率。如果波特率为 115200bit/s，那么装入的初始值应是多少呢？请同学们思考。

任务实施

任务 5-1-1 编写程序：使用串口 1（串口参数：波特率为 9600bit/s、8 位数据位、无校验位、1 位停止位）发送字符串"Hello World!"到计算机，系统时钟频率为 12MHz。

1. 原理图设计

串口通信的原理图如图 5-2 所示。

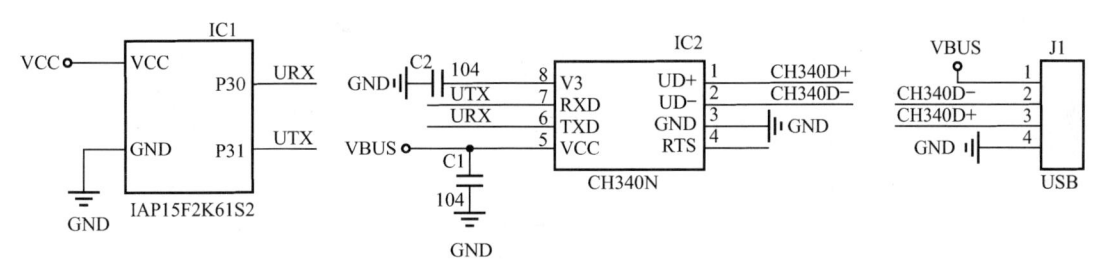

图 5-2 串口通信的原理图

IAP15F2K61S2 内部有 2 组串口，本任务将 P30 引脚、P31 引脚作为串口使用。其中，P30 引脚为 URX，用于接收数据，P31 引脚为 UTX，用于发送数据，因为单片机串口输出采用 TTL 电平，无法直接和计算机进行通信，因此采用 CH340N 将 TTL 电平转换为 USB 电平实现通信。

2. 程序设计

串口通信的代码如下：

1	#include <STC15F2K60S2.H>	
2	void UartInit(void)	//9600bit/s@12.000MHz
3	{	
4	SCON = 0x50;	//8 位数据，波特率可变
5	AUXR |= 0x40;	//设置定时器 T1 时钟为 Fosc，即 1T 模式

```c
6         AUXR &= 0xFE;                    //选择定时器T1作为串口1的波特率发生器
7         TMOD &= 0x0F;                    //设置定时器T1为16位自动重装方式
8         TL1 = 0xC7;                      //设置定时器初始值
9         TH1 = 0xFE;                      //设置定时器初始值
10        ET1 = 0;                         //禁止定时器T1中断
11        TR1 = 1;                         //启动定时器T1
12   }
13   void SendOneByte(char dat)            //发送1个字符
14   {
15        SBUF= dat;                       //将字符存入SBUF
16        while(!TI);                      //TI=1表示发送完毕
17        TI=0;                            //清除TI
18   }
19   void SendString(char *str)            //发送字符串
20   {
21        while(*str)                      //循环发送字符,直到"\0"为止
22        {
23            SendOneByte(*str);           //发送单个字符
24            str++;                       //指针加1,发送下一个字符
25        }
26   }
27   void main()
28   {
29        UartInit();                      //串口初始化
30        SendString("Hello World\r\n");   //发送字符串"Hello World\r\n"
31        while(1);
32   }
```

第2~12行:串口1初始化,设置串口1为8位数据、波特率可变模式,选择定时器T1作为串口1的波特率发生器,设置定时器初始值,设置波特率为9600bit/s。

第13~18行:发送1个字符,将dat字符数据存入SBUF后,单片机将自动将数据通过UTX引脚发送出去,发送完毕后TI引脚自动置1,因此程序中通过"while(!TI);"语句查询是否发送完毕。

第19~26行:发送字符串,因为字符串中"\0"为字符串的终止符,通过while循环将字符依次发送出去,直到"\0"为止。

任务5-1-2 编写程序:使用串口1实现printf()功能。串口参数:波特率为9600bit/s、8位数据位、无校验位、1位停止位。

使用串口1实现printf()功能的代码如下:

```
1   #include <STC15F2K60S2.H>
2   #include <stdio.h>
3   void UartInit(void)              //9600bit/s@12.000MHz
4   {
    /*串口1初始化代码与任务5-1-1相同,省略*/
5   }
6   void UART_SendOneByte(unsigned char dat)
7   {
    /*发送1个字符的代码与任务5-1-1相同,省略*/
8   }
9   char putchar(char c)
10  {
11      UART_SendOneByte(char c);
12      return c;
13  }
14  void main()
15  {
16      float t=27.8;
17      UartInit();
18      printf("The Temperature %.2f",t);
19      while(1);
20  }
```

printf()是C语言标准库函数,用于将格式化后的字符串输出到终端,其所在的头文件为stdio.h。在单片机编程中,通过printf()函数进行调试是一种常用的手段,调试时只需要重定向实现putchar()函数即可。

课后拓展

编写程序:使用串口2(串口参数:波特率为115200bit/s、8位数据位、无校验位、1位停止位)发送字符串"Hello World!"到计算机,系统时钟频率为12MHz。

任务 5-2　串口数据的接收

➡ 工作任务

数据的发送与接收是各类电子系统中不可忽视的关键环节。数据的接收质量直接影响电子系统的稳定性和效率，接收错误的数据不仅可能导致错误的数据处理结果，还可能引起电子系统的失稳。因此，确保接收到的数据精确无误对提高电子系统的整体可靠性具有至关重要的作用。

本任务以 IAP15L2K61S2 为主控芯片，通过单片机串口接收计算机发送过来的数据，并对数据进行处理。

➡ 思路指导

查阅数据手册，了解单片机串口接收数据和发送数据在寄存器设置上的区别，通过计算机串口工具发送数据给单片机。

➡ 相关知识

1. RS-232 接口概述

在台式计算机或者工业设备上，经常能够看到一个 9 针的串口，这个串口叫作 RS-232 接口，它和串口通信有直接关系。由于 RS-232 标准并未定义连接器的物理特性，因此，出现了 DB-25 和 DB-9 各种类型的连接器，其引脚的定义各不相同。现在计算机上一般只提供 DB-9 连接器，都为公头，但相应的连接线上的连接器有公头和母头之分，如图 5-3（a）所示（左侧为公头，右侧为母头），因此在使用前需要做好区分。计算机主板上提供的 COM 串口 DB-9 连接器只提供异步通信的 9 只引脚，如图 5-3（b）所示。

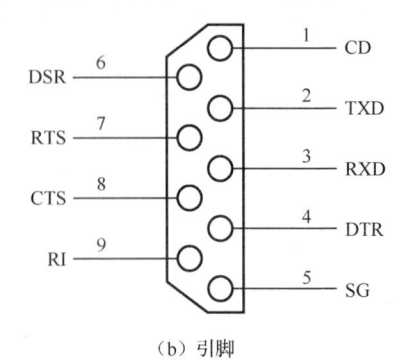

（a）公头与母头　　　　　　　（b）引脚

图 5-3　DB-9 连接器及其引脚

RS-232 接口的每一只引脚都有它的作用，也有特定的通信方向。最初的 RS-232 接口是用来连接调制解调器的,因此其引脚的意义通常和调制解调器的信号传输有关。从功能上来看,RS-232 接口的信号线分为三类,即数据线(TXD、RXD)、地线(GND)和联络控制线(DSR、DTR、RI、DCD、RTS、CTS)。RS-232 接口各引脚的功能如表 5-5 所示。

表 5-5 RS-232 接口各引脚的功能

引脚号	符号	通信方向	功能
1	DCD	计算机→数据	载波信号检测
2	RXD	计算机←调制解调器	接收数据
3	TXD	计算机→调制解调器	发送数据
4	DTR	计算机→调制解调器	计算机数据已准备好
5	GND	计算机、调制解调器共地	地线
6	DSR	计算机←调制解调器	调制解调器数据已准备好
7	RTS	计算机→调制解调器	请求发送
8	CTS	计算机←调制解调器	清除发送
9	RI	计算机←调制解调器	振铃信号提示

上述信号线何时有效,何时无效的顺序体现了 RS-232 接口信号的传输过程。例如,只有当 DSR 和 DTR 都处于有效(ON)状态时,才能在计算机和调制解调器之间进行数据传输。若计算机要发送数据,则先将 DTR 置为有效(ON)状态,等 CTS 上收到有效(ON)状态的回答后,才能在 TXD 上发送串行数据。这种顺序的规定对半双工通信特别有用,因为半双工通信只有确定调制解调器已由接收端改为发送端后,才能开始发送数据。

2. RS-232 接口的电平转换

为何需要在 RS-232 接口和单片机之间进行电平转换呢?为了更好地对此进行说明,先来了解 RS-232 接口对逻辑电平的规定。为保障传输距离,在 RXD 和 TXD 上:逻辑电平 1 为-3~-15V;逻辑电平 0 为+3~+15V。在 RTS、CTS、DSR、DTR 和 DCD 上:信号有效(接通,ON 状态,正电压)为+3~+15V;信号无效(断开,OFF 状态,负电压)为-3~-15V。以上规定说明了 RS-232 标准对逻辑电平的定义:对于数据(信息码),逻辑电平 1 低于-3V,逻辑电平 0 高于+3V;对于控制信号,有效(ON)状态即信号有效的电平高于+3V,无效(OFF)状态即信号无效的电平低于-3V。也就是说,当传输电平的绝对值大于 3V 时,电路可以有效地检查出来,介于-3~+3V 之间的电压无意义,低于-15V 或高于+15V 的电压也被认为无意义。因此,实际工作时,应保证电平在±(3~15)V 之间。

RS-232 接口用正负电压表示逻辑电平,与 TTL 以高低电平表示逻辑状态的规定不同。因此，为了能够与计算机接口或终端的 TTL 器件连接，必须在 RS-232 接口与 TTL 电路之间进行电平和逻辑关系的转换。实现这种转换可采用分立元件，也可采用集成电路芯片，普遍应用的集成电路芯片有 MAX232，但在一些消费电子产品中，为了节省成本，有时也会用分立元件来构成电平转换电路。

（1）用分立元件实现 RS-232 电平与 TTL 电平的转换。

从工厂、项目的角度来说，该电路成本较低，适用于对成本要求严格的场合；从学习的角度来说，用分立元件实现 RS-232 电平与 TTL 电平转换的电路是一个比较经典的电路，因此有必要掌握它的工作原理，如图 5-4 所示。

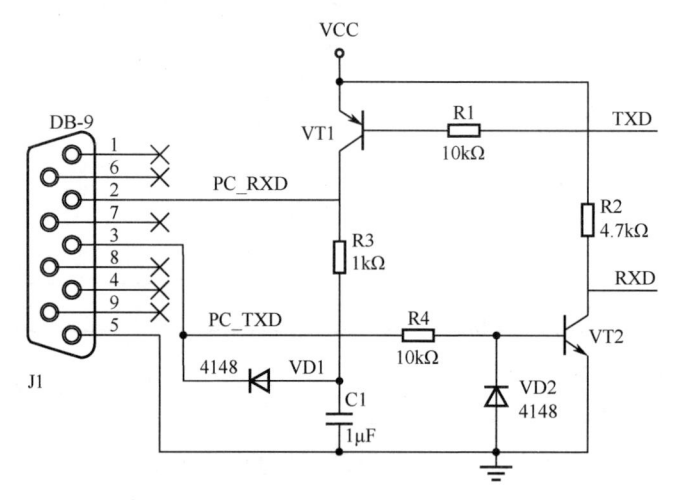

图 5-4 用分立元件实现 RS-232 电平与 TTL 电平转换的电路

下面分析该电路的工作原理。

① RS-232 电平到 TTL 电平的转换。若计算机发送逻辑电平 1，此时 PC_TXD 为高电平（电压为-3～-15V，即默认电压），那么此时 VT2 截止，由于 R2 的上拉作用，RXD 此时为高电平（逻辑电平 1）；若计算机发送逻辑电平 0，此时 PC_TXD 为低电平（电压为+3～+15V），那么此时 VT2 导通，RXD 为低电平（逻辑电平 0），这样就实现了 RS-232 电平到 TTL 电平的转换。

② TTL 电平到 RS-232 电平的转换。若 TTL 端发送逻辑电平 1，那么此时 VT1 截止，由于 PC_TXD 为高电平（电压为-3～-15V），因此会通过 VD1 和 R3 将 PC_RXD 拉成高电平（电压为-3～-15V）；若 TTL 端发送逻辑电平 0，那么此时 VT1 导通，PC_RXD 为低电平（电压为 5V 左右），这样就实现了 TTL 电平到 RS-232 电平的转换。

此电路非常经典，更重要的是成本低，很适合在消费电子产品中应用。

（2）用 MAX232 实现 RS-232 电平与 TTL 电平的转换。

MAX232 是 MAXIM 公司生产的，内部有电压倍增电路和转换电路。其中，电压倍增电路可以将单一的 0~5V 转换成 RS-232 接口所需的±10V。用 MAX232 实现 RS-232 电平与 TTL 电平转换的原理与用分立元件实现 RS-232 电平与 TTL 电平转换的原理相同，这里不再赘述。用 MAX232 实现 RS-232 电平和 TTL 电平转换的电路如图 5-5 所示。

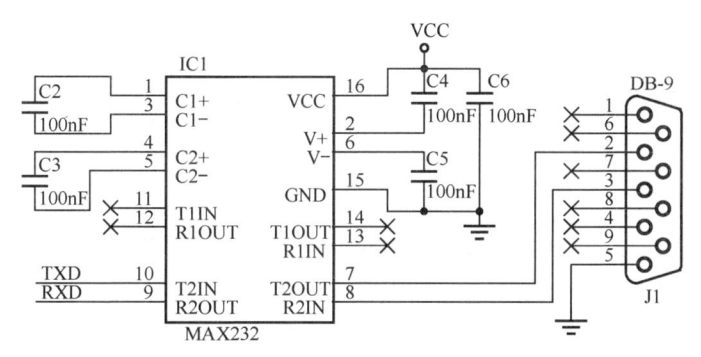

图 5-5　用 MAX232 实现 RS-232 电平与 TTL 电平转换的电路

图 5-5 中，C2、C3、C4、C5 用于电平转换，由官方数据手册可知，这 4 个电容应采用 1μF 的电解电容，但经大量实验和实际应用分析可知，这 4 个电容完全可以由 0.1μF 的非极性瓷片电容代替，这样可以节省 PCB 的面积并降低成本。C6 用于滤波。在绘制 PCB 图时，这几个电容一定要靠近 MAX232 的引脚放置，这样可以大大地提高其抗干扰能力。

（3）USBJ 电平与 RS-232 电平的转换。

在工业设备和台式计算机上，RS-232 接口还有着大量应用，但是随着技术的发展，大多数笔记本计算机上已经没有 RS-232 接口了，那笔记本计算机和单片机如何通信呢？鉴于此，将 USB 电平转换为 RS-232 电平就十分重要了。在 USB 电平与 RS-232 电平的转换电路中，常用的芯片有 FT232RL、CP2102、CP2103、CH340、PL2303HX。本任务开发板上搭载的是 CH340G，因此下面以 CH340G 为例介绍 USB 电平和 RS-232 电平的转换过程。用 CH340G 实现 USB 电平与 RS-232 电平转换的电路如图 5-6 所示。

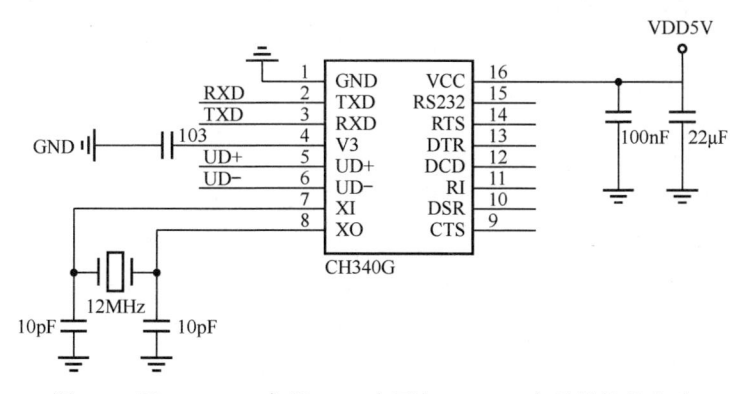

图 5-6　用 CH340G 实现 USB 电平与 RS-232 电平转换的电路

① CH340G 内置了 USB 上拉电阻，所以 UD+和 UD-引脚应该直接连接到 USB 总

② CH340G 正常工作时需要外部向 XI 引脚提供 12MHz 的时钟信号。一般情况下，时钟信号由 CH340G 内置的反相器通过晶体稳频振荡电路产生。外围电路只需为 XI 和 XO 引脚连接一个频率为 12MHz 的晶振，并且分别为 XI 和 XO 引脚对地连接振荡电容。

③ CH340G 可以使用 5V 或者 3.3V 电压。当使用 5V 电压时，CH340G 的 VCC 引脚输入外部 5V 电源，并且 V3 引脚应该外接容量为 4700pF 或者 0.01μF 的电源退耦电容。当使用 3.3V 电压时，CH340G 的 V3 引脚应该与 VCC 引脚相连，同时输入外部 3.3V 电源，并且与 CH340G 相连的其他电路的工作电压不能超过 3.3V。

④ 数据传输引脚包括 TXD 引脚和 RXD 引脚。串口输入空闲时，CH340G 的 RXD 引脚应为高电平，如果 RS232 引脚为高电平，启用辅助 RS232 功能，那么 RXD 引脚内部自动插入一个反相器，默认为低电平。串口输出空闲时，CH340G 的 TXD 引脚应为高电平。正是出于以上原因，在设计电路时，为了不影响单片机下载程序时的冷启动，应在转换电路中加入二极管和电阻。

任务实施

编写程序：使用串口 1 输出字符的 ASCII 码。串口参数：波特率为 9600bit/s、8 位数据位、无校验位、1 位停止位。具体要求：单片机从计算机接收字符，并返回给计算机该字符的 ASCII 码，如计算机发送字符 "3"，单片机接收到该字符后，返回字符串 "I give you it's ASCII: 0x33"。

输出字符的 ASCII 码的代码如下：

```
1  //uart.c
2  #include <STC15F2K60S2.H>
3  #include <string.h>
5      unsigned char Res;
6      unsigned char flag=0;
7  void UartInit(void)          //9600bit/s@12MHz
8  {
9      SCON = 0x50;             //8 位数据，波特率可变
10     AUXR |= 0x40;            //设置定时器 T1 的时钟为 Fosc，即 1T 模式
11     AUXR &= 0xFE;            //选择定时器 T1 作为串口 1 的波特率发生器
12     TMOD &= 0x0F;            //设置定时器 T1 为 16 位自动重装方式
13     TL1 = 0xC7;              //设置定时器初始值
14     TH1 = 0xFE;              //设置定时器初始值
15     ET1 = 0;                 //禁止定时器 T1 中断
```

```
16    TR1 = 1;              //启动定时器 T1
17    ES = 1;               //打开串口1中断
18    EA = 1;               //打开总中断
19}

22void UART_SendOneByte(unsigned char dat)
23{
24    SBUF= dat;
25    while(!TI);
26    TI=0;
27}
28
29void UART_SendString(unsigned char *str)
30{
31    while(*str)
32    {
33        UART_SendOneByte(*str++);
34    }
35}
36
37void UART_ISR()    interrupt 4
38{
39        ES=0;
40        if(RI)
41        {
42            RI=0;
43            Res=SBUF;
44            flag = 1;
45
46        }
47            ES=1;
48}
49//main.c
50#include <STC15F2K60S2.H>
51#include <intrins.h>
52#include "uart.h"
53#include <stdio.h>
55extern unsigned char Res;
56extern unsigned char flag;
57code char num_char[]={'0','1','2','3','4','5','6','7','8','9'};
58void main()
59{
```

```
60        UartInit();
61        while(1)
62        {
63            if(flag==1)
64            {
65                flag = 0;
66                UART_SendString("I give you it's ASCII：");
67                UART_SendOneByte('0');
68                UART_SendOneByte('x');
69                UART_SendOneByte(num_char[(Res>>4)]);
70                UART_SendOneByte(num_char[(Res&0x0F)]);
71                UART_SendString("\r\n");
72            }
73        }
74    }
```

第 7~19 行：串口 1 初始化，设置串口 1 为 8 位数据、波特率可变模式，选择定时器 T1 作为串口 1 波特率发生器，设置定时器初始值，确定波特率为 9600bit/s，打开串口 1 中断，打开总中断。

第 37~48 行：串口 1 中断的中断号为 4，因此在串口 1 中断服务程序后面需要加关键字 interrupt 4。

第 40 行：判断 RI 标志位，RI 为 1 表示接收到数据。

第 43 行：将 SBUF 中的数据读取到变量 Res，同时将 flag 标志位置 1，表示接收数据完毕。

第 63 行：在 while 循环中，判断 flag 标志位，如果为 1，表示 Res 已经接收到数据，可以对数据进行处理。

第 69~70 行：通过移位和位操作，将字符转换为对应的 ASCII 码。

课后拓展

配置串口 1 的波特率为 9600bit/s、8 位数据位、无校验位、1 位停止位，编写程序：使用串口助手发送一个字符（a~z）给单片机，由单片机返回该字符的大写字母。例如，发送"a"，返回"A"。提示：a 的 ASCII 码和 A 的 ASCII 码相差 32。

任务 5-3　串口数据帧的接收

工作任务

串口接收程序是基于串口中断实现的，单片机的串口每接收到 1 字节数据，就产生一次中断，读取某个寄存器就可以得到串口接收的数据了。然而在实际应用中，基本上不会有单字节数据接收的情况出现，通常都是基于一定通信协议的多字节数据通信或者字符串通信，这就要求单片机能够连续接收到其他通信设备发来的数据帧，并对数据帧进行解析。

本任务以 IAP15L2K61S2 为主控芯片，通过串口接收数据帧，并对数据帧进行解析。

思路指导

利用网络查阅并分析通信协议的特点，在通过串口接收单个字符的基础上，对比分析串口数据帧的接收方法。

相关知识

串口接收一帧完整数据的方法：串口接收数据是按字节接收的，每接收 1 字节数据，产生一个串口中断，中断服务程序将接收到的数据存放到缓存，但是数据的发送和接收都是以帧为单位进行传输的，因此要在接收数据的同时判断当前接收的数据是否是完整的一帧。

1. 固定长度串口数据帧的接收

串口数据帧通常由帧头、数据、帧尾组成。帧头一般由 2～3 字节组成（例如 0x55 0xAA），如果检测到帧头数据，则将接收到的数据存到数组缓冲区中，同时记录下该帧数据的数据长度字段值，然后一直接收，直到接收到的数据长度与记录下的数据长度字段值一致或接收到帧尾数据，至此一帧数据接收完毕，将数据存入消息队列，等待处理即可。

一般串口完整数据帧的定义为帧头（2B）+数据长度（2B）+数据+校验和（2B）+帧尾（2B）。

帧头、数据长度、校验和、帧尾这四种结构的组合应用能够大大地增强数据传输的稳定性。

例如，温湿度传感设备的通信协议如表 5-6 所示。

表 5-6 温湿度传感设备的通信协议

帧头		数据长度	湿度数据		温度数据		校验和	帧尾	
0x55	0xAA	0x04	0x01	0xE6	0xFF	0x9F	0x85	0xAA	0x55

（1）温度计算。

当温度低于 0℃时，温度数据以补码的形式上传。

温度：FF9FH 的补码为-97，即实际温度为-9.7℃，为了减少浮点运算，这里计算得到的温度为实际温度的 10 倍。

（2）湿度计算。

湿度：01E6H=486，即实际湿度为 48.6%RH，为了减少浮点运算，这里计算得到的湿度为实际湿度的 10 倍。

（3）校验和计算。

（0x01+0xE6+0xFF+0x9F）&0xFF=0x85。

2．不定长串口数据帧的接收

由于串口数据传输都使用标准波特率，因此通过串口传输一帧数据时，字符与字符之间的时间间隔是一个固定值，可以根据串口的波特率计算字符之间的时间间隔。在不定长数据帧的接收过程中，若判断字符之间的时间间隔大于一定值，则认为当前数据帧接收完毕。

例如，串口参数：波特率 9600bit/s、8 位数据位、1 位停止位、无校验位。波特率为 9600bit/s 表示每秒传输 9600 位，即每秒传输 9600/9（8 位数据位+1 位停止位）=1066 字节数据，那么传输 1 字节数据的时间就是 1/1066≈0.938ms。考虑到硬件的损耗，为保证数据传输的可靠性，需留出余量，那么就可以配置定时器，通过对时间的判断识别接收一帧未知长度的串口数据。以定时 3ms 来说，当接收到 1 字节数据时，打开定时器，开始计时，定时周期 3ms。如果过了 3ms，没有新数据，那么认为一帧数据接收完毕。如果在 3ms 内，有新数据到来，那么认为是同一帧数据，此时定时器计数清 0，重新计数。

任务实施

任务 5-3-1 编写程序：采用固定长度串口数据帧接收方法，根据表 5-6，利用串口助手发送数据，实现温湿度数据解析。串口 1 参数：波特率为 9600bit/s、8 位数据位、无校验位、1 位停止位。

采用固定长度串口数据帧接收方法接收数据帧的代码如下：

```c
//uart.c
1 #include <STC15F2K60S2.H>
2 #include <string.h>
3 unsigned char UartReadBuf[16];
4 unsigned char UartReadFlag=0;
5 unsigned char UartReadBufCount=0;
6 unsigned char CheckSum=0;
7 void UartInit(void)                    //9600bit/s@12.000MHz
8 {
    /*代码与任务 5-2 相同,省略*/
19}
20void UART_SendOneByte(unsigned char dat)   //发送 1 个字符数据
21{
    /*代码与任务 5-2 相同,省略*/
25}
26char putchar(char c)
27{
    /*代码与任务 5-1-2 相同,省略*/
30}
31void UART_ISR()    interrupt 4         //串口 1 中断服务程序
32{
33    unsigned char Res,i;
34    ES=0;                             //关串口 1 中断
35    if(RI)                            //判断接收数据标志位
36    {
37        RI=0;                         //清除接收数据标志位
38        Res=SBUF;                     //从 SBUF 中读取数据
39      if(UartReadFlag==0)             //可以接收数据
40      {
41            if(Res==0x55 && UartReadBufCount==0)            //接收帧头数据
42            {
43                UartReadBuf[0]=Res;
44                UartReadBufCount=1;
45            }
46            else if(Res==0xaa && UartReadBufCount==1)       //接收帧头数据
47            {
48                UartReadBuf[1]=Res;
49                UartReadBufCount=2;
50            }
51            else if(UartReadBufCount>=2 && UartReadBufCount<=15)  //接收数据
52            {
```

```
53          UartReadBuf[UartReadBufCount++]=Res;
54          if(Res==0x55)                                    //接收帧尾数据
55          {
56              if(UartReadBuf[UartReadBufCount-2]==0xaa)    //接收帧尾数据
57              {
58                  CheckSum=0;
59                  for(i=0;i<UartReadBuf[2];i++)            //计算及校验
60                  {
61                      CheckSum +=UartReadBuf[i+3];
62                  }
63                  if(CheckSum==UartReadBuf[UartReadBufCount-3])  //判断校验和
64                  {
65                      UartReadFlag=1;                      //接收完毕
66                      UartReadBufCount=0;
67                  }
68              }
69          }
70      }
71      else
72      {
73          UartReadBufCount=0;                              //接收错误
74      }
75  }
76  }
77      ES=1;                                                //打开串口1中断
78 }
```

第41～45行：当接收到的数据为 0x55 并且之前未接收到任何数据时，表示接收到的数据为帧头数据，将数据保存在数组缓冲区中，计数值变为1。

第46～50行：当接收到的数据为 0xaa 并且之前已经接收到1个数据时，表示接收到的数据为第2个帧头数据，将数据保存在数组缓冲区中，计数值变为2。

第51～53行：在接收帧头数据正确的情况下，表示该帧数据为有效数据，将后面的数据全部保存在数组缓冲区中。

第54～56行：再次接收到数据 0x55，并且接收的前一个数据为 0xaa，表示接收到帧尾数据，接收数据完毕。

第58～62行：通过 for 循环将前面接收到的数据进行校验和计算，存入 CheckSum，这里不包含帧头和数据长度两个字段。

第 63~67 行：假如通过计算得到的校验和与接收到的校验和一致，表明接收到的数据是正确的，将串口 1 接收完成标志位 UartReadFlag 置 1。

主程序的代码如下：

```
//main.c
1  #include <STC15F2K60S2.H>
2  #include <stdio.h>
3  #include "uart.h"
4  extern char UartReadFlag;
5  extern unsigned char UartReadBuf[16];
6  void main()
7  {
8      int temp=0,humi=0;
9      UartInit();                                  //串口 1 初始化
10     while(1)
11     {
12         if(UartReadFlag==1)
13         {
14             humi=UartReadBuf[3];
15             humi=(humi<<8)|UartReadBuf[4];       //计算实际湿度
16             temp=UartReadBuf[5];
17             temp=(temp<<8)|UartReadBuf[6];       //计算实际温度
18             printf("Temp=%d,Humi=%d\r\n",temp,humi);  //打印数据
19             UartReadFlag=0;                      //清除串口 1 接收完成标志位
20         }
21     }
22 }
```

第 12 行：在主程序中，查询串口 1 接收完成标志位 UartReadFlag，如果为 1，则表示数据接收完毕，可对数据进行处理。

第 14~17 行：由表 5-6 可知，湿度数据和温度数据字段都是由 2 字节数据组成的，因此需要通过或运算将 2 字节数据合并成一个 16 位数据，进而得到实际温度和实际湿度。

第 19 行：数据处理完毕后，清除 UartReadFlag，等待接收下一帧数据。

任务 5-3-2 编写程序：采用不定长串口数据帧接收方法，根据表 5-6，利用串口助手发送数据，实现温湿度数据解析。串口 1 参数：波特率为 9600bit/s、8 位数据位、无校验位、1 位停止位。

采用不定长串口数据帧接收方法接收数据帧的代码如下：

```c
//uart.c
1 #include <STC15F2K60S2.H>
2 #include <uart.h>
3 unsigned char UartReadBuff[UartReadBuffLen];    //定义串口接收缓存数据
4 unsigned char UartReadBuffCnt = 0;              //定义缓存数据累加变量
5 unsigned char UartReadBuffCntCopy = 0;          //定义串口接收的数据个数
6 unsigned int   UartIdleCnt = 0;                 //定义空闲时间累加变量
7 void UartInit(void)                             //9600bit/s@12.000MHz
8 {
     /*代码与任务 5-2 相同,省略*/
19 }
20 void UART_SendOneByte(unsigned char dat)       //发送 1 个字符数据
21 {
     /*代码与任务 5-2 相同,省略*/
25 }
26 void UART_ISR()    interrupt 4                 //串口 1 中断服务程序
27 {
28     unsigned char Res;
29     ES=0;                                      //关串口 1 中断
30     if(RI)                                     //判断接收数据
31     {
32         RI=0;                                  //清除接收数据标志位
33         Res=SBUF;                              //从 SBUF 中读取数据
34         if(UartReadBuffCnt < UartReadBuffLen-1)  //防止溢出
35         {
36             UartReadBuff[UartReadBuffCnt] = Res;
37             UartReadBuffCnt++;
38             UartIdleCnt = 0;                   //清除空闲时间累加变量
39         }
40     }
41     ES=1;
42 }
43 char putchar(char c)
44 {
     /*代码与任务 5-1-2 相同,省略*/
47 }
```

第 26~42 行:将接收到的数据存入数组缓冲区 UartReadBuff[]中,缓存数据累加变量加 1,同时将 UartIdleCnt 清除,如果一直有数据接收,那么 UartIdleCnt 的值一直为 0。

主程序的代码如下:

```c
//main.c
1  #include <STC15F2K60S2.H>
2  #include <intrins.h>
3  #include <string.h>
4  #include "uart.h"
5  #include <stdio.h>
6  void Timer0Init(void)        //1ms 定时器初始化函数，系统时钟频率为 12.000MHz
7  {
8      AUXR |= 0x80;            //设置定时器时钟为 1T 模式
9      TMOD &= 0xF0;            //设置定时器的工作方式
10     TL0 = 0x20;              //设置定时器初始值
11     TH0 = 0xD1;              //设置定时器初始值
12     TF0 = 0;                 //清除 TF0
13     TR0 = 1;                 //定时器 T0 开始计时
14     ET0=1;
15     EA=1;
16 }
17 void main()
18 {
19     int temp=0,humi=0;
20     Timer0Init();
21     UartInit();
22     while(1)
23     {
24         if(UartReadBuffCntCopy>0)                //判断是否接收到数据
25         {
26             humi=UartReadBuff[3];
27             humi=(humi<<8)|UartReadBuff[4];      //计算实际湿度
28             temp=UartReadBuff[5];
29             temp=(temp<<8)|UartReadBuff[6];      //计算实际温度
30             printf("Temp=%d,Humi=%d\r\n",temp,humi);  //打印数据
31             UartReadBuffCntCopy=0;
32         }
33     }
34 }
35 void Timer0Isr() interrupt 1
36 {
37     if(UartReadBuffCnt!=0)                       //串口 1 接收到数据
38     {
39         UartIdleCnt++;                           //空闲时间累加变量加 1
40         if(UartIdleCnt>3)                        //若 3ms 没有接收数据，则认为数据接收完毕
```

```
41              {
42                  UartIdleCnt = 0;
43                  UartReadBuffCntCopy = UartReadBuffCnt;   //保存串口 1 接收的数据个数
44                  UartReadBuffCnt=0;
45              }
46          }
47 }
```

第 6～16 行：定时器 T0 初始化，设置定时器 T0 的中断时间为 1ms。

第 24～32 行：通过 UartReadBuffCntCopy 判断当前是否接收完一帧数据，其他代码与任务 5-3-1 相同。

第 35～47 行：如果 UartReadBuffCnt 不为 0，表示正在接收数据，那么在定时器 T0 的中断服务程序中对 UartIdleCnt 进行计数，当 UartIdleCnt 的值大于 3，即 3ms 内没有接收到数据时，认为数据接收完毕。

课后拓展

编写程序，使用单片机实现计算器功能，通过串口助手发送算式，计算结果通过串口返回。算式举例如下。

加法：32+31，返回结果为 63.0。

减法：2-4，返回结果为-2.0。

乘法：31*3，返回结果为 93.0。

除法：32/2，返回结果为 16.0。

设计要求：单片机的系统时钟频率设置为 12MHz，波特率为 9600bit/s，算式中的两个数字为整数，计算结果保留小数点后 1 位有效数字，若计算结果为负数，返回结果应包含 "-"。

任务 5-4　综合实训

⟶ 工作任务

人机接口（Human Machine Interface，HMI）也叫人机界面，是系统和用户之间进行交互和信息交换的媒介，其中串口 HMI 就是设备封装好 HMI 的底层功能以后，通过串口与单片机进行交互，单片机可以通过串口发送指令通知设备切换某个页面或者改变某个组件的属性，实现文本显示、图案显示、曲线显示和绘制等功能。

本任务以 IAP15L2K61S2 为主控芯片，使用单片机串口联机 HMI 串口触摸屏（以下简称串口），实现串口触摸屏与单片机之间的双向通信和控制。

⟶ 思路指导

利用网络查询串口触摸屏的相关技术资料，结合串口数据帧的发送和接收方法，实现双机通信。

⟶ 相关知识

1. 串口触摸屏的硬件原理

串口触摸屏一般采用 5 V 直流电压供电，其背部预留有电源接口，由于自身搭载处理器，因此串口触摸屏可独立工作，也可以与单片机连接实现串口通信。本任务以淘晶驰串口触摸屏为例讲解其使用过程，淘晶驰串口触摸屏分为 X5、X3、X2、K0、T1、T0 几个系列，其中 X5 系列的功能最多。X5 系列串口触摸屏的实物如图 5-7 所示。

(a) 正面　　　　(b) 背面

图 5-7　X5 系列串口触摸屏的实物

在 X5 系列串口触摸屏的背面留有串口连接接口，可直接与单片机串口进行连接通信，串口连接方式如图 5-8 所示。

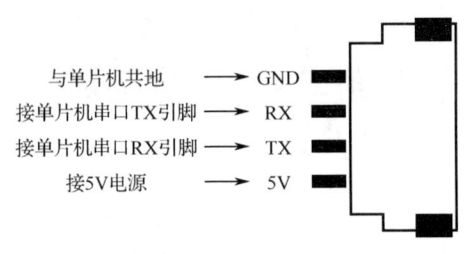

```
与单片机共地    →  GND
接单片机串口TX引脚  →  RX
接单片机串口RX引脚  →  TX
接5V电源       →  5V
```

图 5-8　串口连接方式

2．串口触摸屏通信协议及波特率设置

（1）串口触摸屏通信协议。

串口触摸屏运行时需要接收单片机通过串口发送的控制指令和数据，数据保存在相应的寄存器中。

单片机每次通信时只能向串口触摸屏发送 1 字节的指令或数据，并以三个连续的"0xff"为结束标志。由于串口触摸屏接收的指令为文本形式，因此单片机向串口触摸屏发送数据时，需要先将指令转换为 ASCII 码。发送显示数据也可以通过指令加数据的方式进行，如 prints 指令和 printh 指令。prints 指令可以发送变量的数值，如某个控件的数值可以直接编写为控件的名称加上控件属性；printh 指令直接发送指定字符，在 printh 后面加入需要发送的 HEX 数据，每字节数据用空格隔开，在发送指令时两者都不会发送起始符、空格和终止符。例如，发送 0x01 和 0x02 这两个数据时，程序的指令为"printh 01 02"。

（2）波特率设置。

串口触摸屏的通信方式为串行通信，引脚分别为 RX 和 TX，与单片机通信时要求有相同的波特率。串口触摸屏的波特率在系统运行过程中可以进行在线设置，相关参数有 baud 和 bauds。baud 为当前波特率，设备断电后该波特率丢失；bauds 为默认波特率，具有断电保存功能，设置默认波特率为 9600bit/s 的指令为"bauds=9600"。

表 5-7 所示为关键字及其对应的功能。串口触摸屏的上位机编程软件为 USART HMI，串口触摸屏程序保存在 Program.s 中，在上电时只执行一次。串口触摸屏程序可以在每个控件的触发事件中编写，也可以在定时器之类的工具中编写。串口触摸屏在检测到控件满足触发条件时执行相应的程序。例如，定时器计时达到设置的时间就会触发事件。在串口触摸屏程序的编写过程中，每个语句不以";"结束，而是另起一行，指令与数据之间需要加入空格，编程语法与 C 语言类似。

表 5-7　关键字及其对应的功能

关　键　字	功　　能
prints	发送控件数值

续表

关 键 字	功 能
printh	发送 HEX 格式数据
baud	当前波特率，设备重启后会消失
bauds	默认波特率，断电存储

任务实施

通过串口触摸屏实现对 4 只 LED 的控制，要求在串口触摸屏上设计 4 个开关按钮，第 1 个开关按钮控制第 1 只 LED 的亮灭，第 2 个开关按钮控制第 2 只 LED 的亮灭，依次类推。

1. 触摸屏组态设计

（1）新建项目工程。使用 USART HMI 软件新建项目工程，如图 5-9 所示。

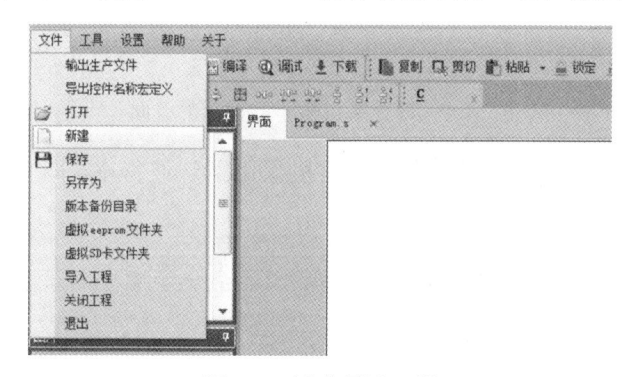

图 5-9　新建项目工程

（2）选择串口触摸屏的型号。本任务选择的是 X5 系列，分辨率为 800 像素×480 像素，如图 5-10 所示。

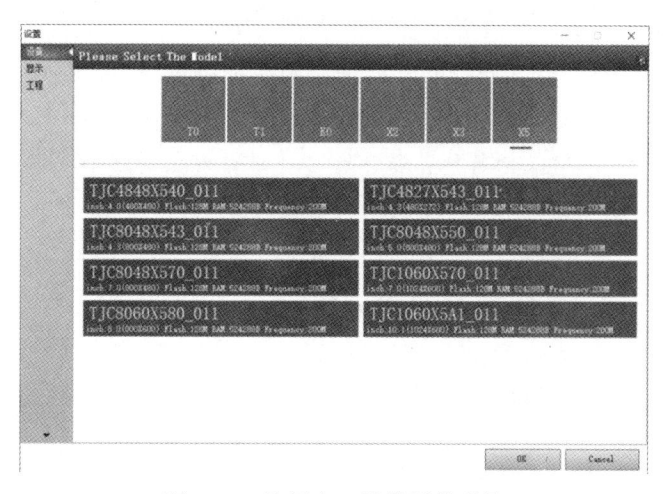

图 5-10　选择串口触摸屏的型号

（3）设置串口触摸屏显示的方向。本任务选择180度（横屏）方向，字符编码采用gb2312，如图5-11所示。

图5-11 设置串口触摸屏显示的方向

（4）在Program.s文件中设置波特率。这里采用默认波特率，即9600bit/s，如图5-12所示。

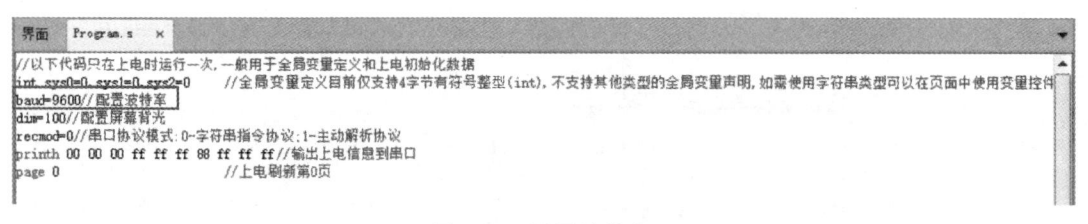

图5-12 设置波特率

（5）字库制作。在串口触摸屏上使用的所有文字都需要使用自制字库，字库制作如图5-13所示。在"字库制作工具"对话框中，用户可以对字高、编码、字体和范围进行设置，这里分别选择32号、gb2312、宋体、ASCII字符，如图5-14所示。

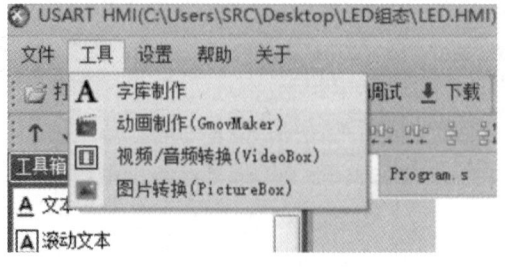

图5-13 字库制作

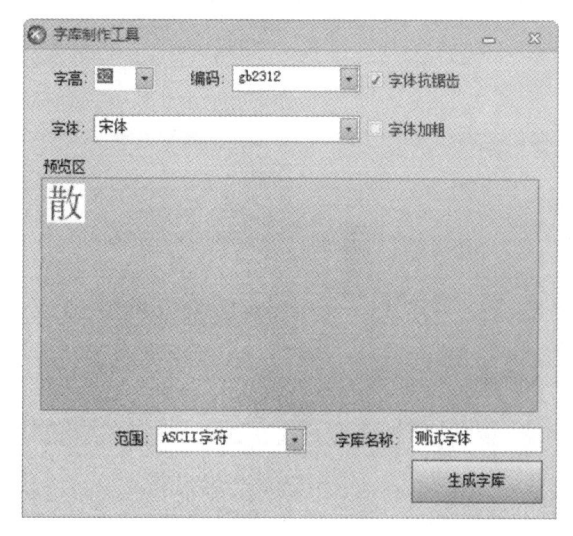

图 5-14 字库制作工具参数设置

（6）放置按钮控件，使用工具箱中的"按钮"工具进行放置，放置好后，修改按钮名称分别为 LED1、LED2、LED3、LED4，如图 5-15 所示。

图 5-15 放置按钮控件

（7）编写通信协议代码。当按下"LED1"按钮后，发送"LED1_CLICK"指令，如图 5-16 所示；当按下"LED2"按钮后，发送"LED2_CLICK"指令，当按下"LED3"按钮后，发送"LED3_CLICK"指令；当按下"LED4"按钮后，发送"LED4_CLICK"指令。

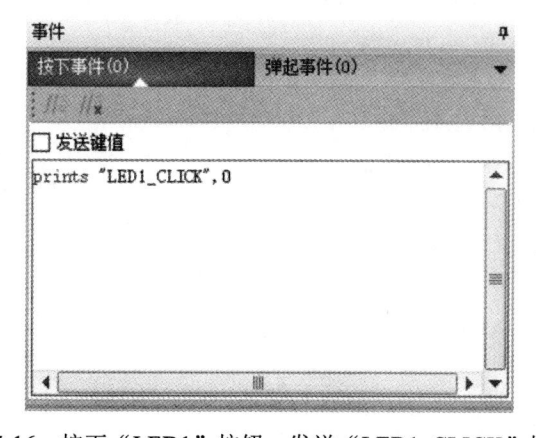

图 5-16 按下"LED1"按钮，发送"LED1_CLICK"指令

(8)编译、下载程序。确认没有错误后,通过串口工具将程序下载到串口触摸屏,如图 5-17 所示。

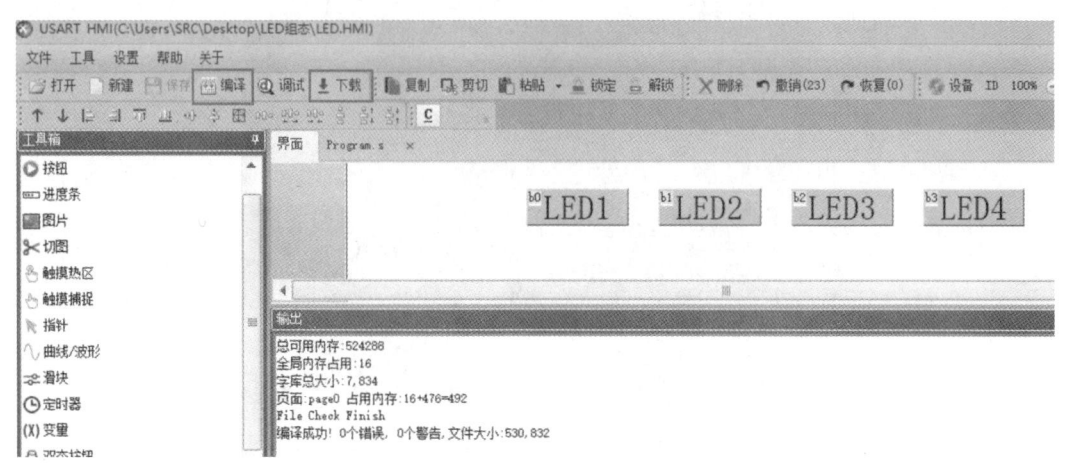

图 5-17 编译、下载程序

2. 单片机程序设计

当按下"LED1"按钮后,串口触摸屏将通过串口发送"LED1_CLICK"指令,可以采用不定长串口数据帧接收方法对数据进行接收解析。

串口数据帧接收部分的代码与任务 5-3-2 相同,解析部分的代码如下:

```
1  void main()
2  {
3      int temp=0,humi=0;
4      Timer0Init();
5      UartInit();
6      memset(UartReadBuff,'\0',16);
7      while(1)
8      {
9          if(UartReadBuffCntCopy>0)          //判断是否接收到数据
10         {
11             if(strcmp(UartReadBuff,"LED1_CLICK")==0)
   //判断是否为按下"LED1"按钮发送的指令
12             {
13                 LED1=!LED1;
14             }
15             if(strcmp(UartReadBuff,"LED2_CLICK")==0)
   //判断是否为按下"LED2"按钮发送的指令
16             {
17                 LED2=!LED2;
```

```
18                }
19                if(strcmp(UartReadBuff,"LED3_CLICK")==0)
//判断是否为按下"LED3"按钮发送的指令
20                {
21                    LED3=!LED3;
22                }
23                if(strcmp(UartReadBuff,"LED4_CLICK")==0)
 //判断是否为按下"LED4"按钮发送的指令
24                {
25                    LED4=!LED4;
26                }
27                UartReadBuffCntCopy=0;
28                memset(UartReadBuff,'\0',16);
29
30         }
31     }
32 }
```

第 6 行：通过 memset()函数，将数组缓冲区 UartReadBuff[]内的字符格式化为'\0'，以便后续使用 strcmp()函数进行字符串比较。

第 11～26 行：通过 strcmp()函数对字符串进行解析处理，如果 strcmp()函数返回 0，则表示两个被比较的字符串为相同的字符串。

第 27～28 行：字符串解析处理完成后，将接收字符计数变量清 0，同时清除数组缓冲区 UartReadBuff[]，为下一次接收数据做准备。

课后拓展

在任务 5-4 程序的基础上，实现串口触摸屏和单片机的双向通信，要求如下。

（1）使用 4 个串口触摸屏上的按钮控制 4 只 LED。

（2）当单片机开发板上的 LED 点亮时，串口触摸屏上的按钮呈现红色；当 LED 熄灭时，串口触摸屏上的按钮呈现灰色。

单元小结

本教学情境以单片机串口通信为主要内容,讲解了单片机串口的控制方法,串口通信是单片机与其他外设通信的重要手段,同学们应该熟练掌握串口的一般编程方法。本教学情境从单片机串口通信的原理和寄存器讲起,详细讲解了串口数据的发送,并通过串口中断实现了串口数据的接收;给出了两种不同的串口数据帧接收方法,并通过综合实训完成了串口触摸屏和单片机之间的通信控制。

思考与练习

一、填空题

1. STC15 单片机有_____个高速异步串口。

2. STC15 单片机中用于设置串口工作方式的是_____和_____。

3. STC15 单片机方式 0 的作用是_____。

4. STC15 单片机串口中断的中断编号为_____。

5. 台式计算机上经常能够看到一个 9 针的串口,这个串口叫作_____,其高电平是_____V,低电平是_____V。

6. 在 USB 电平与 RS-232 电平的转换电路中,常用的芯片有_____、_____和_____。

二、填空题

1. 单片机串口 1 发送/接收中断的工作过程:当串口 1 接收或发送完一帧数据时,将 SCON 中的( ),向 CPU 申请中断。

A. RI 或 TI 置 1   B. RI 或 TI 置 0
C. RI 置 1、TI 清 0   D. TI 置 1、RI 清 0

2. 51 单片机的串口是( )模式。

A. 单工   B. 全双工   C. 半双工   D. 并口

3. 数据帧格式为 1 位起始位、8 位数据位和 1 位停止位的异步串行通信方式是( )。

A．方式 0　　　B．方式 1　　　C．方式 2　　　D．方式 3

4．在 TTL 电平中，逻辑电平 0 的电压是（　　）。

A．+2～+5V　　B．-5～-15V　　C．0～+0.8V　　D．-2～-5V

5．在 STC15 单片机的串口通信设计中，将系统时钟频率设置为（　　）时，传输误差最小。

A．6MHz　　　B．12MHz　　　C．11.0592MHz　　D．24MHz

三、综合题

1．计算机与单片机的串行通信为什么要进行电平转换？

2．若单片机的系统时钟频率为 12MHz，12T 模式，串口 1 工作于方式 1，波特率为 4800bit/s，写出 T1 作为波特率发生器的方式控制字和定时器初始值。

3．如图 5-18 所示，使用 STC15 单片机的串口，按照方式 1 进行串行通信，其中一个单片机为发送机，另一个单片机为接收机，编写程序实现如下功能。

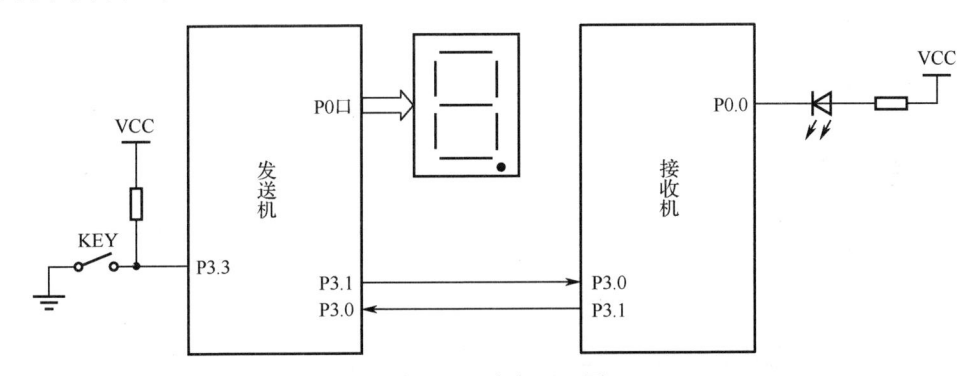

图 5-18　综合题 3 图

（1）发送机 KEY 键控制接收机 LED 的亮灭，闭合 KEY 键，LED 亮，否则，LED 灭。

（2）接收机控制发送机的数码管显示，每 0.5s 自动减 1。

教学情境六　单片机常用接口技术

问题引入

前文已对单片机的基本功能进行了阐述,接下来将介绍几种单片机常用的接口技术。接口技术指的是与单片机核心处理单元相连接的附加硬件技术,它们能够增强和扩展单片机的功能及应用范围。通过接口技术,单片机可以与传感器、执行器、显示器、通信设备等进行连接和通信。

本教学情境分为 3 个任务,对单片机常用接口技术的相关知识、技能要求进行详细讲解,包括 A/D 转换技术、I^{2}C 总线技术和三总线技术。学生将通过这些任务掌握单片机常用接口技术的编程技巧和使用方法。

知识目标

1. 掌握 A/D 转换的基本原理。
2. 掌握 A/D 转换相关寄存器的配置。
3. 掌握 I^{2}C 总线技术的原理和时序控制。
4. 掌握利用三总线读写 DS1302 的原理和时序控制。

技能目标

1. 能够编写单片机 A/D 转换控制程序,采集单片机外部电压。
2. 能够编写 I^{2}C 总线控制程序,读写 AT24C02。
3. 能够编写三总线控制程序,读写 DS1302。

任务 6-1　光照强度采集系统设计

➡ 工作任务

在众多单片机应用中，光照强度采集系统是一种非常重要的系统，其应用广泛，包括工业控制、环境监测等场景。光照强度采集系统通过光敏传感器采集光照强度，并将这些信号转换为数字信号，传输到单片机中进行处理，实现光照强度的显示、控制等操作。

本任务以 IAP15L2K61S2 为主控芯片，通过光敏传感器对环境的光照强度进行监测，并将光照强度对应的电压显示到数码管上。

➡ 思路指导

查阅光敏电阻的相关资料，分析光照强度和其阻值之间的关系，设计电路将被测光照强度对应的电压或电流采集下来，进行 A/D 转换后，通过数码管显示出来。

➡ 相关知识

1. 光敏电阻及其模块

（1）光敏电阻。

光敏电阻是用硫化镉或硒化镉等半导体材料制成的特殊电阻，其工作原理基于内光电效应。光照越强，光敏电阻的阻值就越低，随着光照强度的增大，光敏电阻的阻值迅速降低，亮电阻可小至 1kΩ 以下。光敏电阻对光线十分敏感，其在无光照时，呈高阻状态，暗电阻一般可达 1.5MΩ。光敏电阻因其特殊的性能而得到了极其广泛的应用。

简而言之，光敏电阻是一种阻值会随着光照强度变化的电阻。光照强度越大，阻值越小；光照强度越小，阻值越大。

（2）光敏电阻模块。

光敏电阻模块是一个电阻串联电路模块，其原理图如图 6-1 所示。普通电阻 R1 和光敏电阻 R2 组成串联电路，电路一端接 VCC，另一端接 GND，S 端为 R2 两端电压的输出端。光照越弱，R2 的阻值越大，S 端的电压越大，趋近于 VCC 的值；光照越强，R2 的阻值越小，S 端的电压越小，趋近于 0V。因此，在光照强度变化的情况下，S 端的电压应该在 0V～VCC 之间变化。光敏电阻模块的实物图如图 6-2 所示。在实际应用中，光敏电阻模块的 VCC 接与单片机相同的供电电压，GND 端接地，S 引脚为电压采集引脚，接到单片机具有 ADC 功能的 GPIO 口上即可。

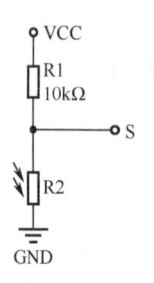

图 6-1　光敏电阻模块的原理图　　　　图 6-2　光敏电阻模块的实物图

2．ADC 的结构

IAP15L2K61S2 集成 8 通道 10 位高速电压输入型 ADC（模-数转换器），采用逐次比较方式进行 A/D 转换，速度可达 300kHz，可将连续变化的模拟电压转化成相应的数字信号，应用于温度检测、电池电压检测、距离检测、按键扫描等场景。

（1）ADC 的结构。

IAP15L2K61S2 的 ADC 输入通道与 P1 口复用，上电复位后 P1 口为弱上拉型 I/O 口，用户可以通过程序设置 P1 口模拟输入通道功能控制寄存器 P1ASF，将 8 路通道中的任何一路设置为 ADC 功能，不为 ADC 功能的仍可作为普通 I/O 口使用。

IAP15L2K61S2 中 ADC 的结构如图 6-3 所示。

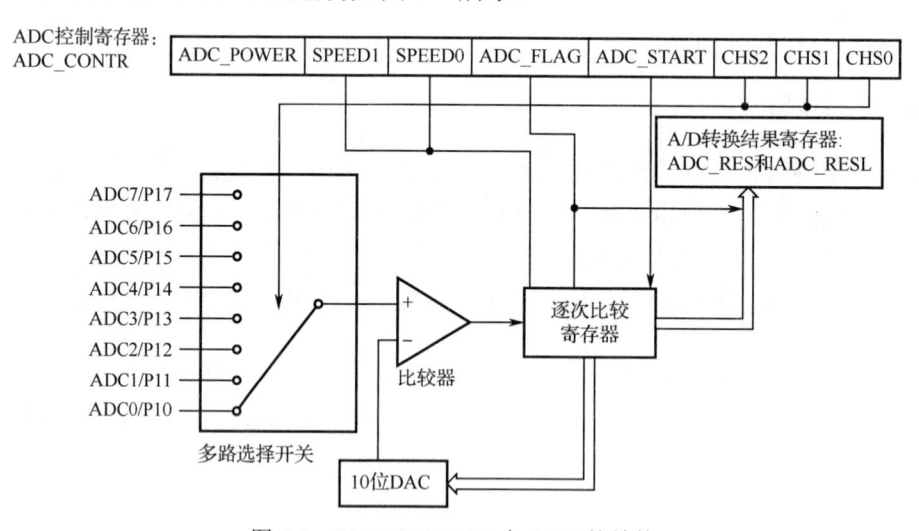

图 6-3　IAP15L2K61S2 中 ADC 的结构

IAP15L2K61S2 的 ADC 由多路选择开关、比较器、逐次比较寄存器、10 位 DAC（数-模转换器）A/D、转换结果寄存器（ADC_RES 和 ADC_RESL）及 ADC 控制寄存器 ADC_CONTR 构成。

IAP15L2K61S2 中的 ADC 是逐次比较型模-数转换器，采用逐次比较逻辑，从最高位（MSB）开始，顺序将每一输入电压模拟量与内置 DAC 的输出进行比较，经过多次比较，使转换所得的数字量逐次逼近输入模拟量对应值，直至 A/D 转换结束，将最终的 A/D 转换结果保存在 A/D 转换结果寄存器 ADC_RES 和 ADC_RESL 中。同时，置位 ADC 控制寄存器 ADC_CONTR 中的 A/D 转换结束标志位 ADC_FLAG，供程序查询或发出中断请求。

（2）ADC 的参考电压源。

在单片机 IAP15L2K61S2 中，若 ADC 的参考电压源（Vref）直接由输入工作电压 VCC 提供，并且在某些应用场景中，VCC 不够稳定（如电池供电系统），那么可能会影响 ADC 的转换精度。为了解决这个问题，可以采用在 ADC 的任一通道上外接一个稳定的基准参考电压源。首先，选择一个稳定且精度高的基准电压源，如 1.25V 或 2.5V 的基准电压；然后，将基准电压源连接到 ADC 的任一空闲通道上，通过 ADC 读取这个基准电压的值。由于 ADC 的读数与 Vref（VCC）是成比例的，通过读取基准电压通道的 ADC 值，并结合已知的基准电压值，可得到当前的 VCC 值。具体计算公式可以表示为

$$VCC = (ADC\_Value\_of\_Ref \times Vref\_Nominal) / ADC\_Max\_Value$$

式中，ADC_Value_of_Ref 是基准电压通道的 ADC 读数；Vref_Nominal 是基准电压的标称值（如 1.25V 或 2.5V）；ADC_Max_Value 是 ADC 的最大可能读数。获得当前的 VCC 值后，就可以用它来校正其他通道的读数。其他通道的模拟输入电压可以使用类似的公式进行计算，此时要用到的是该通道的 ADC 读数和已知的 VCC。

3. ADC 的控制

IAP15L2K61S2 中的 ADC 主要由 P1ASF、ADC_CONTR、ADC_RES 和 ADC_RESL 4 个特殊功能寄存器进行控制与管理，下面分别详细介绍。

（1）P1ASF。

P1ASF 的 8 个控制位与 P1 口的 8 个口线是一一对应的。若将 P1ASF 的相应位置为 1，则 P1 口对应的口线为 ADC 功能，可作为当前 A/D 转换的模拟输入通道；若将相应位置为 0，则 P1 口对应的口线为普通 I/O 功能。单片机硬件复位后，P1 口默认是普通 I/O 功能。

P1ASF 的字节地址为 0x9d，复位值为 0x00，各位的定义如表 6-1 所示。

表 6-1 P1ASF 各位的定义

位	D7	D6	D5	D4	D3	D2	D1	D0
名称	P17ASF	P16ASF	P15ASF	P14ASF	P13ASF	P12ASF	P11ASF	P10ASF

P1ASF 不能位寻址，可以采用字节操作。例如，要将 P10 引脚作为模拟输入通道，可通过将 P10 引脚对应的控制位与 1 相或来实现，即通过执行 C 语言语句"P1ASF|=0x01"

实现。

（2）ADC_CONTR。

ADC_CONTR 主要用于设置 A/D 转换输入通道、A/D 转换速度、A/D 转换结束标志，控制 ADC 电源的打开或关闭、A/D 转换的启动等。

ADC_CONTR 的字节地址为 0xbc，复位值为 0x00，各位的定义如表 6-2 所示。

表 6-2　ADC_CONTR 各位的定义

位	D7	D6	D5	D4	D3	D2	D1	D0
名称	ADC_POWER	SPEED1	SPEED0	ADC_FLAG	ADC_START	CHS2	CHS1	CHS0

① ADC_POWER：ADC 电源控制位。当 ADC_POWER=0 时，关闭 ADC 电源；当 ADC_POWER=1 时，打开 ADC 电源。

启动 A/D 转换前，一定要确认 ADC 电源已打开，A/D 转换结束后，关闭 A/D 电源可降低功耗，也可不关闭。初次打开内部 ADC 电源时，需适当延时，等内部相关电路稳定后再启动 A/D 转换。

启动 A/D 转换后，在 A/D 转换结束之前，不要改变任何 I/O 口的状态，这样有利于实现高精度的 A/D 转换。

进入空闲模式前，将 ADC 电源关闭，即将 ADC_POWER 清 0，可降低功耗。

② SPEED1、SPEED0：A/D 转换速度控制位。A/D 转换速度设置如表 6-3 所示。

表 6-3　A/D 转换速度设置

SPEED1	SPEED0	进行一次 A/D 转换所需的时间
1	1	90 个系统时钟周期
1	0	180 个系统时钟周期
0	1	360 个系统时钟周期
0	0	540 个系统时钟周期

③ ADC_FLAG：A/D 转换结束标志位。A/D 转换完成后，将 ADC_FLAG 置 1。此时如果允许 A/D 转换结束中断，即 IE 中的 EADC=1、EA=1，则由 ADC_FLAG 请求产生中断；如果由程序来判断 A/D 转换的状态，则查询该位可判断 A/D 转换是否结束。不管 A/D 转换是工作于中断方式，还是工作于查询方式，ADC_FLAG 都需要用软件清 0。

④ ADC_START：A/D 转换启动控制位。当 ADC_START=1 时，启动 A/D 转换；当 ADC_START=0 时，不启动 A/D 转换。

⑤ CHS2、CHS1、CHS0：模拟输入通道选择控制位。模拟输入通道选择设置如表 6-4 所示。

表 6-4 模拟输入通道选择设置

CHS2	CHS1	CHS0	模拟输入通道选择
0	0	0	选择 ADC0（P10 引脚）作为模拟输入通道
0	0	1	选择 ADC1（P11 引脚）作为模拟输入通道
0	1	0	选择 ADC2（P12 引脚）作为模拟输入通道
0	1	1	选择 ADC3（P13 引脚）作为模拟输入通道
1	0	0	选择 ADC4（P14 引脚）作为模拟输入通道
1	0	1	选择 ADC5（P15 引脚）作为模拟输入通道
1	1	0	选择 ADC6（P16 引脚）作为模拟输入通道
1	1	1	选择 ADC7（P17 引脚）作为模拟输入通道

ADC_CONTR 不能位寻址，对其进行操作时，建议直接用赋值语句，不要用 AND（与）和 OR（或）操作指令。

（3）ADC_RES 和 ADC_RESL。

ADC_RES、ADC_RESL 用于保存 A/D 转换结果，A/D 转换结果的存储格式由寄存器 CLK_DIV 的 D5 位 ADRJ 控制。执行 C 语言语句"CLK_DIV|=0x20"即可设置 ADRJ 为 1，单片机硬件复位后默认 ADRJ 为 0。

当 ADRJ=0 时，10 位 A/D 转换结果的高 8 位存放在 ADC_RES 中，低 2 位存放在 ADC_RESL 的低 2 位中。其中，ADC_RES 的字节地址为 0xbd，复位值为 0x00，存储 10 位 A/D 转换结果的高 8 位；ADC_RESL 的字节地址为 0xbe，复位值为 0x00，存储 10 位 A/D 转换结果的低 2 位。此时，ADC_RES、ADC_RESL 的存储格式如表 6-5 所示。

表 6-5 ADRJ=0 时，ADC_RES、ADC_RESL 的存储格式

位	D7	D6	D5	D4	D3	D2	D1	D0
ADC_RES	ADC_RES9	ADC_RES8	ADC_RES7	ADC_RES6	ADC_RES5	ADC_RES4	ADC_RES3	ADC_RES2
ADC_RESL							ADC_RES1	ADC_RES0

当 ADRJ=1 时，10 位 A/D 转换结果的高 2 位存放在 ADC_RES 的低 2 位中，A/D 转换结果的低 8 位存放在 ADC_RESL 中。此时，ADC_RES、ADC_RESL 的存储格式如表 6-6 所示。

表 6-6 ADRJ=0 时，ADC_RES、ADC_RESL 的存储格式

位	D7	D6	D5	D4	D3	D2	D1	D0
ADC_RES							ADC_RES9	ADC_RES8
ADC_RESL	ADC_RES7	ADC_RES6	ADC_RES5	ADC_RES4	ADC_RES3	ADC_RES2	ADC_RES1	ADC_RES0

A/D 转换结果换算公式如下。

① ADRJ=0 时，取 10 位结果：(ADC_RES[7:0]，ADC_RESL[1:0])=1024×Vin/VCC；ADRJ=0 时，取 8 位结果：(ADC_RES[7:0])=256×Vin/VCC。

② ADRJ=1 时，取 10 位结果：(ADC_RES[1:0]，ADC_RESL[7:0])=1024×Vin/VCC。

其中，Vin 为模拟输入电压；VCC 为 ADC 的参考电压，即单片机的实际工作电压。

（4）与 A/D 转换中断有关的寄存器。

IE 中的 D7 位 EA 是 CPU 总中断控制位，D5 位 EADC 是 ADC 使能控制位。当 EA=1、EADC=1 时，A/D 转换结束中断允许。ADC_CONTR 中的 D4 位 ADC_FLAG 既是 A/D 转换结束标志位，又是 A/D 转换结束的中断请求标志位。在中断服务程序中，要使用软件将 ADC_FLAG 清 0。当 EADC=0 时，A/D 转换结束中断禁止，ADC 可以采用查询方式工作。

IAP15L2K61S2 单片机的中断有 2 个优先级，由中断优先级寄存器 IP 设置，A/D 转换结束中断的中断号为 5。

4．单片机内部 ADC 的应用

下面以 ADC 不采用中断方式为例，介绍 A/D 转换的流程。

（1）设置 ADC_CONTR 中的 ADC_POWER 为 1，打开 ADC 电源。

（2）一般延时 1ms 左右，等待 ADC 内部模拟电路稳定。

（3）设置 P1ASF，选择 P1 口中的相应口线作为 A/D 转换的模拟输入通道。

（4）设置 ADC_CONTR 中的 CHS2～CHS0，选择 A/D 转换的模拟输入通道。

（5）根据需要设置 CLK_DIV 中的 ADRJ，选择 A/D 转换结果的存储格式，ADRJ 的默认值为 0。

（6）查询 A/D 转换结束标志位 ADC_FLAG，判断 A/D 转换是否完成，若完成，则读出 A/D 转换结果（结果保存在 ADC_RES 和 ADC_RESL 中），并进行数据处理。

若采用中断方式，则还需进行中断设置（将 EADC 置 1、EA 置 1，设置中断优先级），在中断服务程序中读取 A/D 转换结果，并将 ADC_FLAG 清 0。

◆◆➡ 任务实施

在单片机 I/O 口上外接光敏电阻模块，使用单片机内部 ADC 读取光敏电阻模块输出引脚上的电压，并将电压显示在数码管上，数码管显示数据的格式为"-×.××"。

1. 原理图设计

光照强度采集系统的原理图如图 6-4 所示。

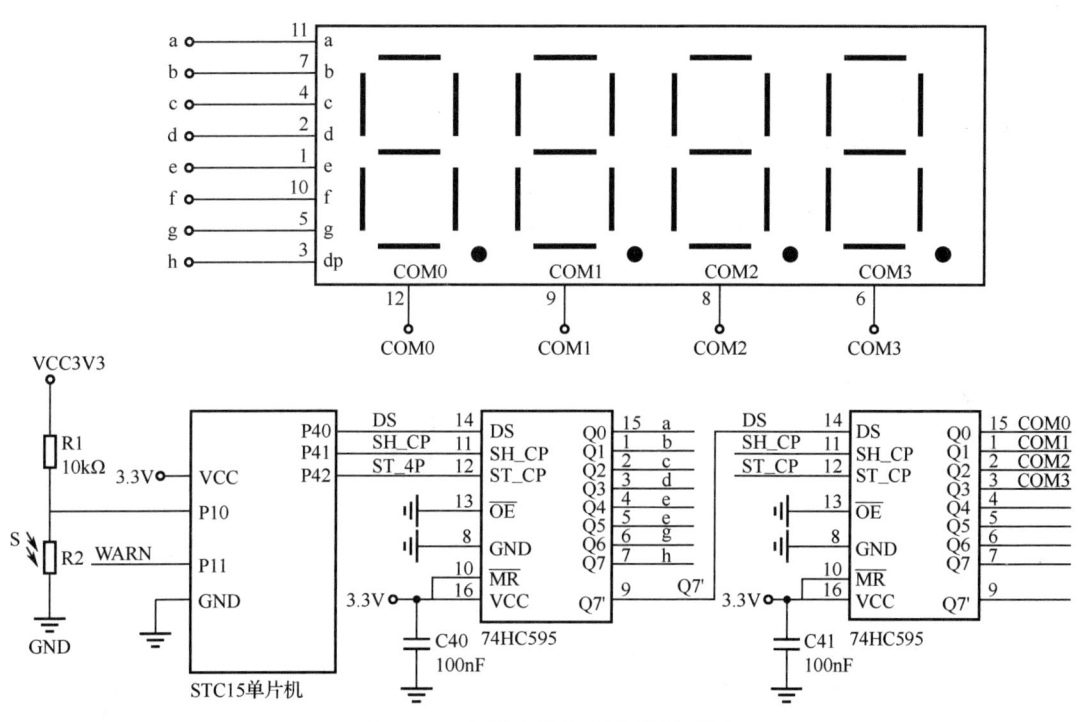

图 6-4　光照强度采集系统的原理图

可使用 STC15 单片机内部的 ADC 对光敏电阻模块的 S 端电压进行转换。将光敏电阻模块的 VCC 端接在 3.3V 电源端，GND 端接在地端，S 端接至 P1 口的 P10 引脚。人为改变光敏电阻模块上的光照强度，则 S 端的电压会在 0～3.3V 之间变化。用户可编写程序，使用 STC15 单片机内部的 ADC 将这个电压实时读取出来，并显示在数码管上。在 A/D 转换过程中，可采用中断方式，也可不采用中断方式。

数码管部分使用两片 74HC595 驱动，电路设计原理图与任务 4-3-1 相同。

2. 程序设计

A/D 转换的代码如下：

```
1 #include "stc15f2k60s2.h"
2 #include <STC15F2K60S2.H>
3 #include "intrins.h"
4 #define ADC_POWER    0x80         //ADC 电源控制位
5 #define ADC_FLAG     0x10         //A/D 转换结束标志位
6 #define ADC_START    0x08         //A/D 转换启动控制位
7 #define ADC_SPEEDLL  0x00         //A/D 转换速度：540 个系统时钟周期
```

```
8
9  void ADCInit(void)                        //初始化与 A/D 转换有关的寄存器
10 {
11     P1ASF = 0xFF;                         //将 P1 口设置为模拟输入通道
12     ADC_RES = 0;                          //清除 A/D 转换结果寄存器
13     ADC_RESL = 0;                         //清除 A/D 转换结果寄存器
14     ADC_CONTR = ADC_POWER | ADC_SPEEDLL;  //开启 ADC 电源，设置 A/D 转换速度
15 }
16 unsigned int Get_ADC10bitResult(char channel,char adrj) //channel 为通道，adrj 为存储格式
17 {
18     unsigned int adc;
19     char i;
20     ADC_RES = 0;                          //清除 A/D 转换结果寄存器
21     ADC_RESL = 0;                         //清除 A/D 转换结果寄存器
       //选择 P10 引脚为模拟通道输入口，打开 ADC 电源，设置 A/D 转换模拟输入通道
22     ADC_CONTR = (ADC_CONTR & 0xe0) | ADC_START | channel;
23     _nop_(); _nop_(); _nop_(); _nop_();   //对 ADC_CONTR 操作后要延时一定时间才能访问
24     for(i=0; i<250; i++)                  //超时读取
25     {
26         if(ADC_CONTR & ADC_FLAG) //判断 A/D 转换是否结束
27         {
28             ADC_CONTR &= ~ADC_FLAG;//清除 A/D 转换结束标志位
29             if(adrj==1)  //将 10 位 A/D 转换结果的高 2 位存放在 ADC_RES 的低 2 位中，将低 8 位存放在 ADC_RESL 中
30             {
31                 adc = (unsigned int)(ADC_RES &0x03);
32                 adc = (adc << 8) | ADC_RESL;
33             }
34             else  //将 10 位 A/D 转换结果的高 8 位存放在 ADC_RES 中，将低 2 位存放在 ADC_RESL 的低 2 位中
35             {
36                 adc = (unsigned int)ADC_RES;
37                 adc = (adc << 2) | (ADC_RESL &0x03);
38             }
39             return adc;
40         }
41     }
42     return 1024;
43 }
```

主程序的代码如下：

```c
1 #include <STC15F2K60S2.H>
2 #include <intrins.h>
3 #include "adc.h"
4 unsigned int SmgRefreshCount=0;        //数码管刷新控制位,取值范围为0~3
5 unsigned int ADCRefreshCount=0;
6 unsigned int DisNum=1234;              //显示数值
7 code char SEG[]={0xc0,0xf9,0xa4,0xb0,0x99,0x92,0x82,0xf8,0x80,0x90};  //段码编码表
8 code char BIT[]={0x01,0x02,0x04,0x08}; //位码编码表
9 #define A74HC595_DS     P40    //定义A74HC595 DS 引脚的控制I/O口
10#define A74HC595_SH_CP  P43    //定义A74HC595 SH_CP 引脚的控制I/O口
11#define A74HC595_ST_CP  P42    //定义A74HC595 ST_CP 引脚的控制I/O口
12#define A74HC595_OE     P41    //定义A74HC595 OE 引脚的控制I/O口
13//74HC595 移位寄存器控制函数,先移Bit位,再移Seg位
14void HC595_WrOneByte(unsigned char Bit,unsigned char Seg)
15{
        /*与任务4-3-1中的代码相同,省略*/
37}
38
39void Timer0Init(void)                   //2ms定时器初始化函数,系统时钟频率为12.000MHz
40{
        /*与任务4-3-1中的代码相同,省略*/
49}
50void ReadAdcValue()
51{
52    float val=0.0;
53    if(ADCRefreshCount<=500)   return;  //每1s刷新一次
54        ADCRefreshCount=0;
55        val=Get_ADC10bitResult(0,0);
56        DisNum=(val*0.003222)*100;
57}
58void main()
59{
60    P4M0=0x00;                          //初始化I/O口
61    P4M1=0x00;
62    A74HC595_OE=0;
63    Timer0Init();                       //初始化定时器
64    ADCInit();                          //初始化与A/D转换有关的寄存器
65    while(1)
66    {
67        ReadAdcValue();
68    }
```

```
69}
70void Timer0Isr()    interrupt 1
71{
72      ADCRefreshCount++;
73      SmgRefreshCount++;                    //数码管刷新控制位计数
74       if(SmgRefreshCount==4)               //计数范围为 0～3
75            SmgRefreshCount=0;
76      HC595_WrOneByte(0xFF,0xFF);           //关闭所有数码管显示,用于消隐
77      switch(SmgRefreshCount)
78      {
79          case 0:
80              break;
81          case 1:
82              HC595_WrOneByte(BIT[1],SEG[DisNum%1000/100]&0x7f);   //显示个位
83              break;
84          case 2:
85              HC595_WrOneByte(BIT[2],SEG[DisNum%100/10]);          //显示十分位
86              break;
87          case 3:
88              HC595_WrOneByte(BIT[3],SEG[DisNum%10]);              //显示百分位
89              break;
90      }
```

该程序用数码管显示光照强度对应的电压。

第 50～57 行：每 1s 刷新一次 A/D 转换结果。

第 56 行：通过运算将得到的 A/D 转换结果转换为电压（基准电压为 3.3V）。

第 70～90 行：通过单片机定时器实时刷新数码管，显示电压。

第 82 行：显示第三位数据，因为电压需要保留两位小数，因此将第三位与 0x7f 进行与运算，即在这位后加上小数点。

课后拓展

利用 IAP15L2K61S2 中的 ADC 设计的 4 个按键组成的键盘，分别对 4 只 LED 的亮灭进行控制。

任务 6-2　用 AT24C02 记录开机次数

➡ 工作任务

单片机通过 I^2C 总线可以和多种器件进行通信，目前很多芯片都集成了 I^2C 总线通信协议。I^2C 总线是各种总线中使用信号线比较少，且通信比较可靠的总线之一。使用具有 I^2C 功能的芯片可以使系统方便、灵活，减少 PCB 的占用空间，降低系统成本。本任务要介绍的 AT24C02 属于 EEPROM，采用 I^2C 总线进行通信。在实际应用中，它的主要作用是在单片机掉电时使数据不丢失。例如家用全自动洗衣机，第一次设定好洗衣、脱水等时间以后，等下次上电，还是默认前面设定过的数值。

本任务以 IAP15L2K61S2 为主控芯片，利用 I^2C 总线与 AT24C02 通信，实现保存和读取数据，记录单片机的开机次数，并通过数码管显示。

➡ 思路指导

查阅资料，了解 AT24C02 的引脚功能，查询 I^2C 总线通信协议的时序，了解 AT24C02 读取数据的原理。

➡ 相关知识

1. I^2C 总线的工作原理

I^2C 总线是 Philips 公司推出的串行总线。I^2C 总线的应用非常广泛，很多器件上都配有 I^2C 总线接口，使用这些器件时，必须按照 I^2C 总线通信协议的时序进行访问、读写数据。下面简要介绍 I^2C 总线的工作原理及相关程序设计。

I^2C 总线在各种总线中使用的信号线最少，只有两根信号线：数据线 SDA 和时钟线 SCL。数据线 SDA 和时钟线 SCL 都是双向传输线，平时均处于高电平备用状态。I^2C 总线通信协议的时序如图 6-5 所示。

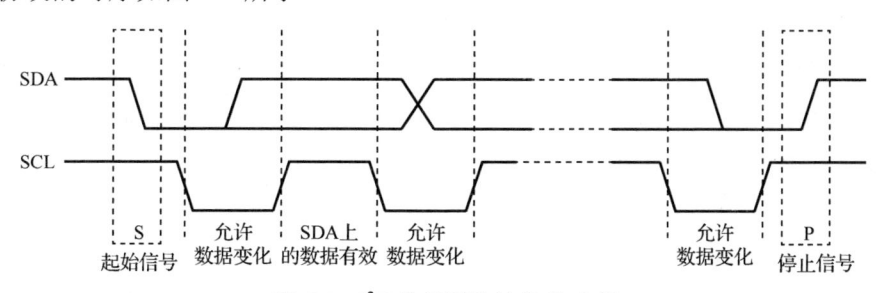

图 6-5　I^2C 总线通信协议的时序

在 I^2C 总线上，SDA 用于传输有效数据，其上传输的每位有效数据均对应于 SCL 上的一个时钟脉冲。也就是说，只有当 SCL 为高电平（SCL=1）时，SDA 上的数据才会有效；当 SCL 为低电平（SCL=0）时，SDA 上的数据无效。因此，只有当 SCL 为低电平（SCL=0）时，才允许 SDA 上的数据发生变化。

  SDA 上的数据传送均以起始信号（S）开始，停止信号（P）结束。当 SCL 为高电平时，SDA 上发生一个由高电平到低电平变化的过程，即为起始信号，如图 6-6 所示；SDA 上发生一个由低电平到高电平变化的过程，即为停止信号，如图 6-7 所示。起始信号和停止信号均由作为主控制器的单片机发出。

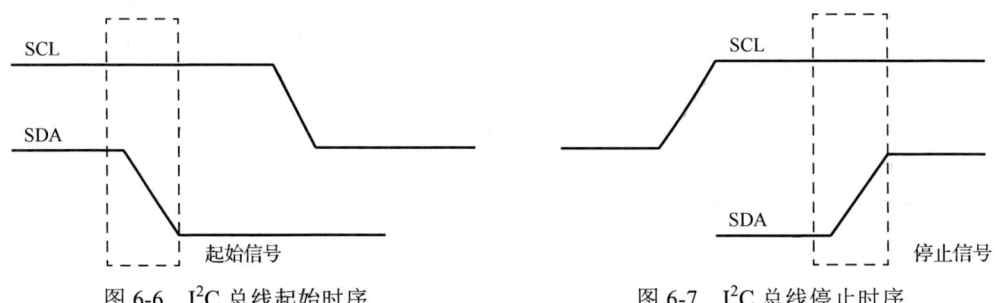

图 6-6　I^2C 总线起始时序　　　　　图 6-7　I^2C 总线停止时序

  I^2C 总线都是以 8 个数据位的方式进行数据传输的，发送器发送完 1 字节之后（包括地址和数据），在时钟的第 9 个脉冲期间，由接收器发送应答信号 ACK（把 SDA 的电平拉低），以表示数据接收成功。接收器在 SDA 上输出低电平为应答信号（ACK），输出高电平为非应答信号（$\overline{ACK}$），非应答信号用于表示接收器未成功接收数据或通知对方结束数据发送并释放 I^2C 总线。I^2C 总线应答时序如图 6-8 所示。

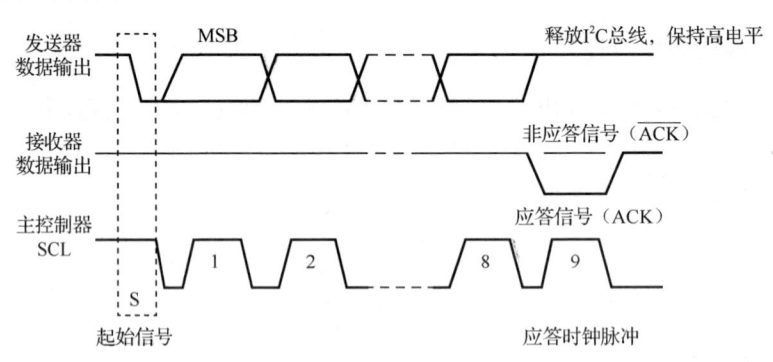

图 6-8　I^2C 总线应答时序

  在多数情况下，I^2C 总线工作于主从方式，即一个主器件，多个具有 I^2C 总线的外围从器件。工作时，主器件在发出起始信号后，便发出一个寻址字节（地址），该地址用于建立主器件与某一个从器件之间的通信。从器件接收到主器件发送的地址后，会将字节的高 7 位地址与自己的地址相比较。如果一样，从器件会应答主器件的寻址，其他从器件则释放 I^2C 总线。

  I^2C 总线上的所有从器件都有规范的地址。它由 4 个固定的地址位（称为器件地址）、3 个可编程的地址位（称为引脚地址）和 1 个数据传输方向位构成。器件地址用于区分不同类型的从器件，引脚地址用于区分相同类型的从器件。从器件地址的格式如图 6-9 所示。

D7							D0
SLA	DA3	DA2	DA1	DA0	A2	A1	A0	R/$\overline{W}$

从器件地址

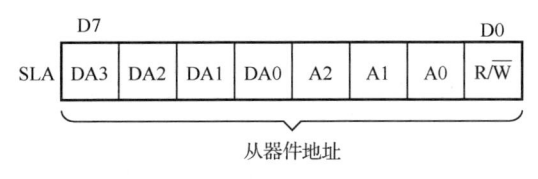

图 6-9 从器件地址的格式

从器件地址中各位的含义如下。

（1）器件地址（DA3、DA2、DA1、DA0）：I^2C 总线从器件的固有地址编码，出厂时就已给定。例如，AT24C××的器件地址为 1010，PCF8591 的器件地址为 1001。

（2）引脚地址（A2、A1、A0）：由于 I^2C 总线从器件端口 A2、A1 和 A0 在电路中接电源或地线的不同而形成的地址。

（3）数据传输方向位（R/$\overline{W}$）：规定了 I^2C 总线上的数据传输方向。

在 I^2C 总线上进行数据传输时，必须遵循规定的数据传输格式，图 6-10 所示为 I^2C 总线一次完整的数据传输格式。由图 6-10 可知，起始信号表明一次数据传输的开始，其后发送的是从器件地址，高位在前，低位在后，第 8 位为数据传输方向位 R/$\overline{W}$。数据传输方向位 R/$\overline{W}$ 表明主器件和从器件之间数据传输的方向。若 R/$\overline{W}$=0，则表明数据由主器件按从器件地址写入从器件；若 R/$\overline{W}$=1，则表明主器件根据从器件地址从对应的从器件读入数据。数据传输方向位后面是从器件发出的应答信号 ACK。从器件地址传输完后是数据字节，数据字节仍按照高位在前、低位在后的格式传输，之后是应答位。若有多个数据字节需要传输，则不断重复即可。数据字节传输完毕后，主器件发送停止信号。

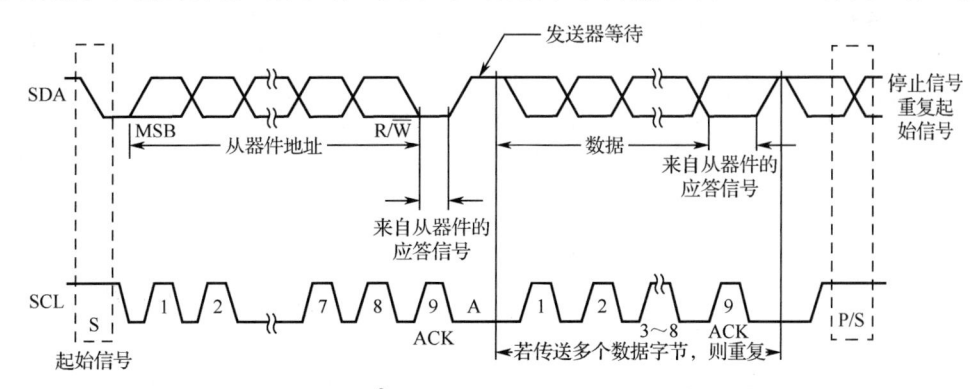

图 6-10 I^2C 总线一次完整的数据传输格式

2. I^2C 总线软件分析

本任务通过调用_nop_()函数来实现的短延时函数。经过测试可知，在系统时钟频率为 12 MHz 时，Delay5US()函数的延时大概为 5μs，使用时要注意加入 intrins.h 头文件。

源代码如下：

```
void Delay5US(void)
{
    _nop_();_nop_();_nop_();_nop_();
}
```

假设有了这样的位定义："#define SCL P26;#define SDA P27;"，则可调用 Delay5US() 延时函数，根据 I^{2}C 总线起始时序写出起始函数，代码如下：

```
void IIC_Start(void)
{
    SDA = 1;
    Delay5US();
    SCL = 1;
    Delay5US();
    SDA = 0;
    Delay5US();
}
```

在 SCL 为高电平的情况下，给 SDA 一个下降沿，此时表明主器件要开始对从器件进行操作。

根据 I^{2}C 总线停止时序写出停止函数，代码如下：

```
void IIC_Stop(void)
{
    SDA = 0;
    Delay5US();
    SCL = 1;
    Delay5US();
    SDA =1;
}
```

在 SCL 为高电平的情况下，给 SDA 一个上升沿，表明所有的操作结束。

下面介绍应答信号与非应答信号的产生过程。若在 SCL 为高电平期间，SDA=0，则表示从器件应答；若在 SCL 为高电平期间，SDA=1，则表示从器件没有应答。

应答信号产生函数的代码如下：

```
void IIC_Ack(void)            //应答信号的产生
{
    SCL = 0;                  //为产生高脉冲做准备
```

```
    SDA = 0;                        //产生应答信号
    Delay5US();                     //延时
    SCL = 1;Delay5US();             //产生高脉冲
    SCL = 0;Delay5US();             //产生高脉冲结束
    SDA = 1;                        //释放总线
}
```

非应答信号的产生过程与应答信号类似，只是过程刚好相反，这里不再赘述。非应答信号产生函数的代码如下：

```
void IIC_Nack(void)                 //非应答信号的产生
{
    SDA = 1;
    SCL = 0;Delay5US();
    SCL = 1;Delay5US();
    SCL = 0;
}
```

读应答信号即主器件判断从器件是否产生了应答信号。若从器件正常产生了应答信号，则只需读取即可；若从器件由于某种特殊原因一直没有产生应答信号，这时主器件等待一段时间（255个机器周期）之后，默认从器件已经收到了数据而不再等待应答信号。

读应答信号的代码如下：

```
char IIC_RdAck(void)                //读应答信号
{
    char AckFlag;
    unsigned char uiVal = 0;
    SCL = 0;Delay5US();
    SDA = 1;
    SCL = 1;Delay5US();
    while((1 == SDA) && (uiVal < 255))  //如果一直未应答，则最长等待时间为255个机器周期
    {
        uiVal ++;
        AckFlag = SDA;
    }
    SCL = 0;
    return AckFlag;                 //应答返回0，未应答返回1
}
```

向从器件写入1字节数据的代码如下：

```
void InputOneByte(unsigned char uByteVal)
{
    unsigned char iCount;
    for(iCount = 0;iCount < 8;iCount++)
    {
        SCL = 0;
        Delay5US();
        SDA = (uByteVal & 0x80) >> 7;
        Delay5US();
        SCL = 1;
        Delay5US();
        uByteVal <<= 1;
    }
    SCL = 0;
}
```

从器件中读取 1 字节数据的代码如下：

```
unsigned char OutputOneByte(void)
{
    unsigned char uByteVal = 0;
    unsigned char iCount;
    SDA = 1;
    for (iCount = 0;iCount < 8;iCount++)
    {
        SCL = 0;
        Delay5US();
        SCL = 1;
        Delay5US();
        uByteVal <<= 1;
        if(SDA)
            uByteVal |= 0x01;
    }
    SCL = 0;
    return(uByteVal);
}
```

串行输出 1 字节数据，即读取 1 字节数据时需要 8 次一位一位地输出。先定义一个变量 uByteVal，若 SDA 为 1，则使 uByteVal 与 0x01 相或；若 SDA 为 0，则直接移位（后面补 0），这样 8 次就读完了 1 字节数据。

注意：InputOneByte()函数先操作高位（MSB），而 OutputOneByte()函数先操作低位（LSB）。

结合时序图，可以有以下写从器件地址和写数据地址子函数。

```
char IIC_WrDevAddAndDatAdd(unsigned char uDevAdd,unsigned char uDatAdd)
{
    IIC_Start();                    //发送起始信号
    InputOneByte(uDevAdd);          //输入从器件地址
    IIC_RdAck();                    //读应答信号
    InputOneByte(uDatAdd);          //输入数据地址
    IIC_RdAck();                    //读应答信号
    return TRUE;
}
```

向一台设备的某个地址写数据的代码如下：

```
void IIC_WrDatToAdd(unsigned char uDevID, unsigned char uStaAddVal, unsigned char *p, unsigned char ucLenVal)
{
    unsigned char iCount;
    IIC_WrDevAddAndDatAdd(uDevID | IIC_WRITE,uStaAddVal);
    // IIC_WRITE 为写指令后缀符
    for(iCount = 0;iCount < ucLenVal;iCount++)
    {
        InputOneByte(*p++);
        IIC_RdAck();
    }
    IIC_Stop();
}
```

uDevID 为 I^2C 器件的 ID（AT24C02 的 ID 为 0xa0）；IIC_WRITE 为写指令后缀符；ucLenVal 为连续写入的数据长度，需要注意的是，数据长度是有范围的（AT24C02 的范围为 1~8）；*p 为写入的数据，以指针来表示。写入一个数据之后需应答一下。最后发送一个停止信号，整个过程完成。

从特定的首地址读取数据的代码如下：

```
void IIC_RdDatFromAdd(unsigned char uDevID, unsigned char uStaAddVal, unsigned char *p, unsigned char uiLenVal)
{
    unsigned char iCount;
    IIC_WrDevAddAndDatAdd(uDevID | IIC_WRITE,uStaAddVal);
    IIC_Start();
    InputOneByte(uDevID | IIC_READ);
    // IIC_READ 为读指令后缀符
    IIC_RdAck();
    for(iCount = 0;iCount < uiLenVal;iCount++)
```

```
        {
            *p++ = OutputOneByte();
            if(iCount != (uiLenVal - 1))
                IIC_Ack();
        }
        IIC_Nack();
        IIC_Stop();
}
```

该函数与 IIC_WrDatToAdd()函数有很多相同之处，首先发送一个起始信号，然后发送读取操作指令，表示后面的操作是从 I^{2}C 器件中读取数据。在 for 循环语句中读取前 uiLenVal-1 个数据时，每次读取操作完成之后需要加一个应答信号，当读到第 uiLenVal 个数据时，加非应答信号和停止信号。

任务实施

设计一个单片机开机次数计数器，每次单片机开机或者重启后计数值加 1，并通过数码管显示，当计数值不足 4 位时，高位数码管熄灭，通过 AT24C02 存储计数值，计数范围为 0～9999。

1. 原理图设计

用 AT24C02 记录单片机开机次数的原理图如图 6-11 所示。AT24C02 的 WP 端直接接地，意味着不写保护；SCL 端、SDA 端分别接至单片机的 P26 引脚、P27 引脚；由于 AT24C02 内部总线是漏极开路形式，所以必须要接上拉电阻（阻值取 4.7Ω～10kΩ）。

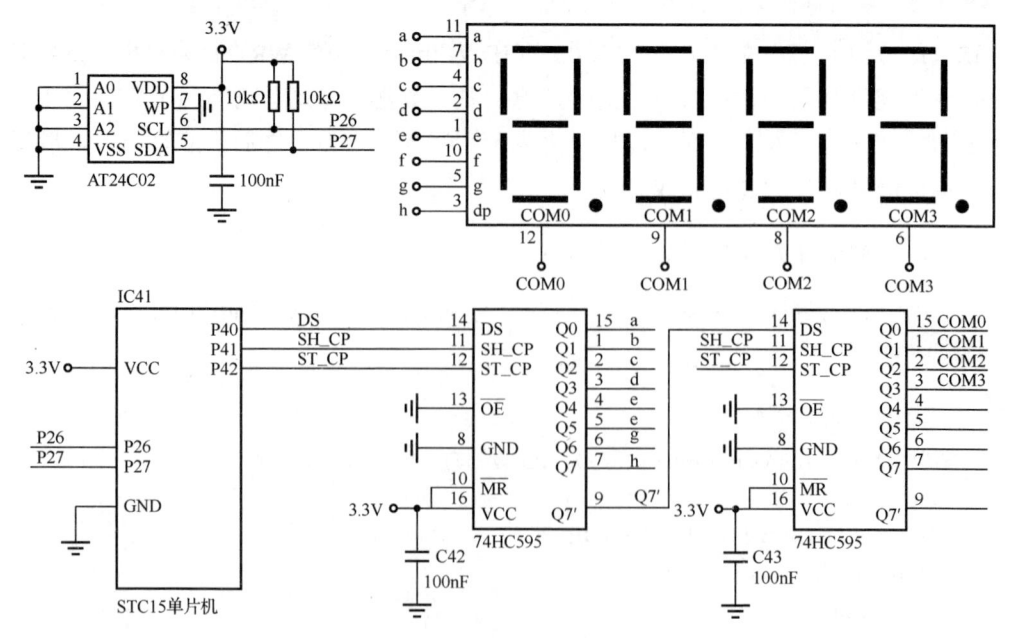

图 6-11 用 AT24C02 记录单片机开机次数的原理图

AT24C02 的 A2 端、A1 端、A0 端全部接地。由于 AT24C02 的地址组成形式为 1010A2A1A0 R/$\overline{W}$（R/$\overline{W}$ 由数据传输方向决定），此时 A2 端、A1 端、A0 端全部接地，所以 AT24C02 的地址是 1010 000 R/$\overline{W}$。

数码管部分使用两片 74HC595 驱动，电路设计原理图与任务 4-3-1 相同。

2. 程序设计

用 AT24C02 记录单片机开机次数的代码如下：

```
1 #include <STC15F2K60S2.H>
2 #include <intrins.h>
3 #include "iic.h"
4 #define    A74HC595_DAT    P40              //定义控制 I/O 口
5 #define    A74HC595_LCK    P42
6 #define    A74HC595_SCK    P43
7 unsigned char code BIT_TAB[]={0X01,0X02,0X04,0X08};     //位码编码表
8 unsigned char code SEG_TAB[]={0xc0,0xf9,0xa4,0xb0,0x99,0x92,0x82,0xf8,0x80,0x90,0x88,0x83,
0xc6,0xa1,0x86,0x8e};                                    //段码编码表
9 unsigned char DigTubeTimeCount = 0;         //数码管刷新计数
10 int DispNum = 0;                           //显示数字
11 void GpioInit(void)                        //I/O 口初始化
12 {
13     P0M0=0x00;
14     P0M1=0x00;
15     P4M0=0x00;
16     P4M1=0x00;
17 }
18 void Timer0Init(void)              //2ms 定时器初始化函数，系统时钟频率为 12MHz
19 {
    /*与任务 4-3-1 中的代码相同，省略*/
28 }
29 //74HC595 移位寄存器控制函数
30 void HC595_WrOneByte(unsigned char Bit,unsigned char Seg)
31 {
    /*与任务 4-3-1 中的代码相同，省略*/
53 }
54
55 void main()
56 {
57     char SaveNum[2]={0,0};
58     GpioInit();                            //I/O 口初始化
```

```c
59    Timer0Init();                                    //定时器初始化
60    IIC_RdDatFromAdd(0xA0,0x00,&SaveNum,2);          //读取两个数据
61    DispNum = SaveNum[0]*100+SaveNum[1];             //将数据转换为计数次数
62    if(DispNum++>9999) DispNum=0;                    //开机，计数值加 1
63    SaveNum[0] = DispNum/100;                        //将计数值转换为 2 字节
64    SaveNum[1] = DispNum%100;
65    IIC_WrDatToAdd(0xA0,0x00,SaveNum,2);             //将数据存入 AT24C02
66    while(1);
67 }
68
69 void Timer0_Isr() interrupt 1
70 {
71    DigTubeTimeCount++;
72    if(DigTubeTimeCount>=4)  DigTubeTimeCount=0;     //控制数码管的刷新
73    HC595_WrOneByte(0xFF,0xFF);                      //关闭数码管，用于消隐
74    switch(DigTubeTimeCount)
75    {
76        case 0:
77            if(DispNum<1000)                         //当显示数字小于 1000 时，显示三位
78                HC595_WrOneByte(BIT_TAB[0],0xff);
79            else
80              HC595_WrOneByte(BIT_TAB[0],SEG_TAB[DispNum/1000]);
81            break;
82        case 1:
83            if(DispNum<100)                          //当显示数字小于 100 时，显示两位
84                HC595_WrOneByte(BIT_TAB[1],0xff);
85            else
86                HC595_WrOneByte(BIT_TAB[1],SEG_TAB[DispNum%1000/100]);
87            break;
88        case 2:
89            if(DispNum<10)                           //当显示数字小于 10 时，显示一位
90                HC595_WrOneByte(BIT_TAB[2],0xff);
91            else
92                HC595_WrOneByte(BIT_TAB[2],SEG_TAB[DispNum%100/10]);
93            break;
94        case 3:HC595_WrOneByte(BIT_TAB[3],SEG_TAB[DispNum%10]); break;
95        default: break;
96    }
```

该程序用数码管显示单片机的开机次数。

第 60 行：从 AT24C02 中读取开机次数，将读取到的数据转换为十进制数后加 1，赋值给 DispNum 进行显示。

第 65 行：将更新后的开机次数保存到 AT24C02。

第 69~96 行：显示程序，通过定时器扫描 4 个数码管，呈现动态显示效果。

课后拓展

设计一个计数器，实现每次按下 ASW1 按键，计数值加 1，并通过数码管显示；当计数值不足 4 位时，高位数码管熄灭。设计要求：将单片机系统时钟频率设置为 12MHz，单片机每次重新上电后，能够从 AT24C02 中载入上次的计数结果。通过 AT24C02 存储计数值，计数范围为 0~9999。

任务 6-3　DS1302 的时钟系统设计

●●● 工作任务

数字时钟的设计方法有很多，可以直接用单片机定时器来实现（可参考教学情境四），也可以用时钟芯片来实现。时钟芯片的种类有很多，如 DS1302、DS1307、DS12C887、PCF8485、SB2068、PCF8563 等。

本任务以 IAP15L2K61S2 为主控芯片，通过三总线接口读取 DS1302 内部时间寄存器数据，并转换和处理，在数码管上显示实时时间。

●●● 思路指导

查阅资料，了解 DS1302 的引脚功能；查询三总线通信协议的时序，了解 DS1302 读写数据的原理。

●●● 相关知识

1. DS1302 简介

DS1302 是 DALLAS 公司推出的一种高性能、低功耗、带 SRAM 的实时时钟电路。它可以对年、月、周、日、小时、分钟、秒进行计时，且具有闰年补偿功能，工作电压为 2.5~5.5V。DS1302 内部有一个 31 字节的用于存放临时数据的 SRAM。DS1302 采用串行方式传输数据，需要外接 32.768kHz 的晶振，利用 DS1302 可以方便地设计并制作一个万年历。DS1302 的引脚如图 6-12 所示，引脚描述如表 6-7 所示。

```
      ┌──┬──┐
VCC2 ─┤1    8├─ VCC1
  X1 ─┤2    7├─ SCLK
       │DS1302│
  X2 ─┤3    6├─ I/O
 GND ─┤4    5├─ CE
      └──────┘
```

图 6-12　DS1302 的引脚

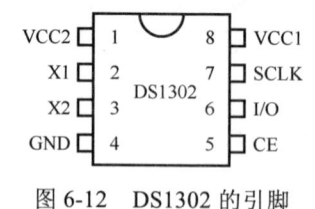

表 6-7　DS1302 的引脚描述

引脚号	引脚名称	功　能
1	VCC2	主电源
2、3	X1、X2	振荡源，外接 32.768kHz 晶振
4	GND	接地
5	CE	片选/复位

续表

引脚号	引脚名称	功能
6	I/O	串行数据输入/输出
7	SCLK	串行时钟输入
8	VCC1	备用电源

DS1302 采用三总线接口（SCLK、I/O、CE）与单片机的 3 个 I/O 口进行同步通信，一次可以传送多字节的时钟信号或 SRAM 数据。它采用双电源供电，VCC2 为主电源引脚，VCC1 为备用电源引脚。DS1302 由 VCC1 和 VCC2 两者中电压较大者供电，当 VCC2-VCC1 大于 0.2V 时，由 VCC2 向 DS1302 供电；当 VCC2 小于 VCC1 时，由 VCC1 向 DS1302 供电，否则处于不确定状态。

2. 读写 DS1302 操作

（1）读 DS1302 操作。

图 6-13 所示为读取 DS1302 中单字节数据的时序。由图 6-13 可知，对 DS1302 进行读操作时，首先通过 I/O 口写入控制字（8 位地址和指令信息），再读取相应寄存器的数据。在对 DS1302 进行读操作前，需要先对 DS1302 进行初始化，将单片机的 RST 引脚置为高电平，并将控制字装入移位寄存器。控制字指定访问地址和读指令，通过 SCLK 的上升沿输入，在之后的 8 个时钟的下降沿读出数据。

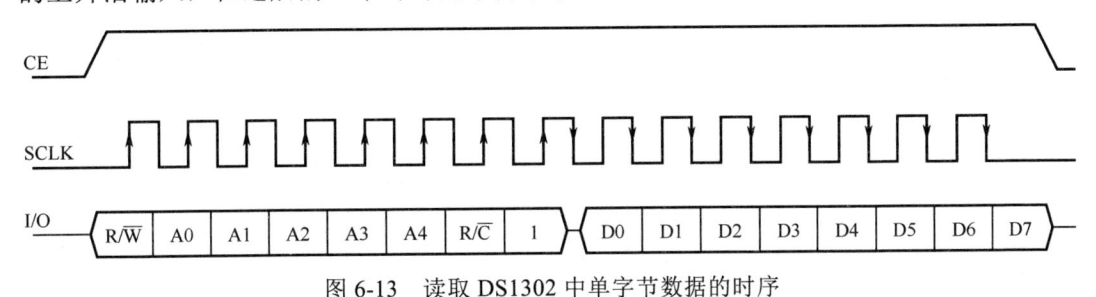

图 6-13 读取 DS1302 中单字节数据的时序

单片机读取 DS1302 中 1 字节数据的代码如下：

```
//从 DS1302 中读出 1 字节数据
unsigned char Read_Ds1302_Byte ( unsigned char address )
{
    unsigned char i,temp=0x00;
    RST=0;   _nop_();              //准备阶段
    SCK=0;   _nop_();
    RST=1;   _nop_();
        Write_Ds1302(address);     //写地址和指令字节
    for (i=0;i<8;i++)
    {
```

```
            SCK=0;
            temp>>=1;
            if(SDA)
            temp|=0x80;                //先读低位
            SCK=1;
        }

        RST=0;   _nop_();              //结束阶段
        SCK=0;   _nop_();
        SCK=1;   _nop_();
        SDA=0;   _nop_();
        SDA=1;   _nop_();
        return (temp);
    }
```

（2）写 DS1302 操作。

图 6-14 所示为向 DS1302 中写单字节数据的时序。由图 6-14 可知，在 SCLK 的前 8 个上升沿，I/O 数据线上写入的是控制字，在之后的 8 个上升沿，I/O 数据线上写入的是数据。

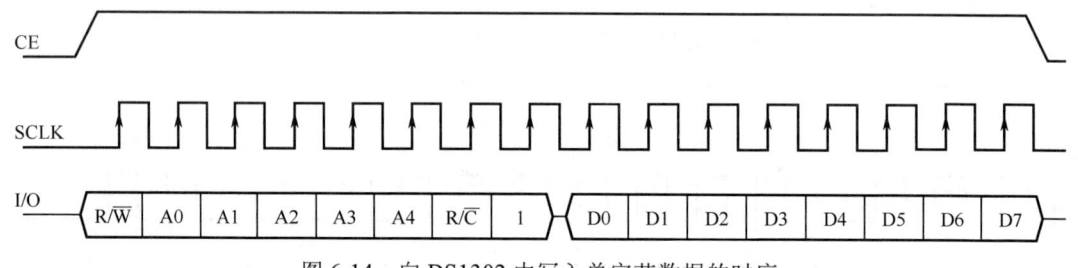

CE																
SCLK																
I/O	$R/\overline{W}$	A0	A1	A2	A3	A4	$R/\overline{C}$	1	D0	D1	D2	D3	D4	D5	D6	D7

图 6-14　向 DS1302 中写入单字节数据的时序

控制字的定义如表 6-8 所示。

表 6-8　控制字的定义

位	7	6	5	4	3	2	1	0
名称	1	$R/\overline{C}$	A4	A3	A2	A1	A0	$R/\overline{W}$

控制字每位描述如下：

① 位 7：必须是逻辑 1，如果它为 0，则不能把数据写入 DS1302。

② 位 6（$R/\overline{C}$）：如果为 0，则表示读写日历时钟寄存器中的数据；如果为 1，则表示读写 SRAM 中的数据。

③ 位 5 至位 1（A4～A0）：指定操作单元的地址。

④ 位 0（R/$\overline{W}$）：如果为 0，则表示进行写操作；如果为 1，则表示进行读操作。

控制字的写入从最低位（位 0）开始。从写入控制字后的下一个 SCLK 上升沿开始，数据被写入 DS1302，如果有额外的 SCLK 周期，将被忽略。

需要特别注意的是，DS1302 存储的数据格式为 BCD 码，若单片机读出来的秒数据是 0101 0011，则应表示 53s，而不是 83s。在向 DS1302 写入初始化数据时，一定要将数据转化为 BCD 码格式写入。

单片机向 DS1302 写入 1 字节数据的代码如下：

```
//向指定地址写入 1 字节数据
void Write_Ds1302_Byte( unsigned char address,unsigned char dat )
{
    RST=0;    _nop_();        //为写数据做准备
    SCK=0;    _nop_();
    RST=1;    _nop_();
    Write_Ds1302(address);    //写地址和指令字节
    Write_Ds1302(dat);        //写入数据
    RST=0;
}
```

其中，Ds1302()函数的代码如下：

```
void Write_Ds1302(unsigned    char temp)
{
    unsigned char i;
    for (i=0;i<8;i++)
    {
        SCK=0;
        SDA=temp&0x01;    //在每个时钟脉冲到来之前写入 1 位数据（先写低位）
        temp>>=1;
        SCK=1;
    }
}
```

（3）DS1302 日历时钟寄存器的操作。

为了正确地读写 DS1302 内部的数据，必须了解日历时钟寄存器与控制字的对应关系，如表 6-9 所示。

表 6-9 日历时钟寄存器与控制字的对应关系

寄存器名称	位7	位6	位5	位4	位3	位2	位1	位0
	1	R/$\overline{C}$	A4	A3	A2	A1	A0	R/$\overline{W}$
秒寄存器	1	0	0	0	0	0	0	1/0
分钟寄存器	1	0	0	0	0	0	1	1/0
小时寄存器	1	0	0	0	0	1	0	1/0
日寄存器	1	0	0	0	0	1	1	1/0
月寄存器	1	0	0	0	1	0	0	1/0
周寄存器	1	0	0	0	1	0	1	1/0
年寄存器	1	0	0	0	1	1	0	1/0
写保护寄存器	1	0	0	0	1	1	1	1/0
慢充电寄存器	1	0	0	1	0	0	0	1/0
时钟突发寄存器	1	0	1	1	1	1	1	1/0

通过控制字，可以识别年、周、月、日、小时、分钟、秒和写保护等各类寄存器。若要对写保护寄存器进行写操作，则先将控制字 0x8e 写入 DS1302，然后写入数据；若要读取写保护寄存器中的数据，则先将 0x8f 写入 DS1302，然后读取数据。

日历时钟寄存器的内容如表 6-10 所示。

表 6-10 日历时钟寄存器的内容

寄存器名称	控制字		取值范围	各位内容				
	写	读		7	6	5	4	3～0
秒寄存器	0x80	0x81	00～59	CH	秒十位			秒个位
分钟寄存器	0x82	0x83	00～59	0	分钟十位			分钟个位
小时寄存器	0x84	0x85	00～12	12/24	0	AM/PM	小时十位	小时个位
			00～23	12/24	0	小时十位		小时个位
日寄存器	0x86	0x87	01～28/29/30/31	0	0	日期十位		日期个位
月寄存器	0x88	0x89	01～12	0	0	0	月十位	月个位
周寄存器	0x8a	0x8b	01～07	0	0	0	0	周
年寄存器	0x8c	0x8d	01～99	年十位				年个位
写保护寄存器	0x8e	0x8f		WP	0	0	0	0
慢充电寄存器	0x90	0x91		TCS	TCS	TCS	TCS	DS RS
时钟突发寄存器	0xbe	0xbf						

时钟突发寄存器可一次性顺序读写除慢充电寄存器外的所有寄存器内容，表 6-5 中的特殊标志位如下。

① CH：时钟暂停位，当此位为 1 时，振荡器（时钟）停止，DS1302 处于低功耗模式；当此位为 0 时，时钟启动。

② 12/24：12 或 24 小时方式选择位，该位为 1 表示采用 12 小时方式计时。在 12 小时方式下，位 5 是 AM/PM 选择位，此位为 1 表示 PM。在 24 小时方式下，位 5 和位 4 是小时十位数据。

③ WP：写保护位，写保护寄存器的位 0～位 6 始终为 0，不需要进行设置。在对时钟或 SRAM 进行写操作之前，WP 必须为 0；当 WP 为 1 时，为写保护状态，可防止对其他任何寄存器进行写操作，读操作不受控制。

④ TCS：用于控制涓流充电。只有慢充电寄存器高四位为 1010 时，才能涓流充电。

⑤ DS：二极管选择位。如果 DS 为 01，则选择一只二极管；如果 DS 为 10，则选择两只二极管。如果 DS 为 11 或 00，那么充电被禁止，与 TCS 无关。

⑥ RS：选择连接在 VCC2 与 VCC1 之间的电阻，如果 RS 为 00，那么充电被禁止，与 TCS 无关。

任务实施

通过三总线读取 DS1302 内部时钟，并在数码管上显示小时和分钟，比如 12.38 表示 12 点 38 分。

1. 原理图设计

DS1302 的 X1 和 X2 引脚需要接至频率为 32.768kHz 的晶振，用于秒计时，VCC2 为主电源引脚，VCC1 为备用电源引脚，当 VCC2 断电时，由 VCC1 提供电源，使得 DS1302 能够继续保持计时。另外，DS1302 通过串行时钟输入引脚（SCLK）、串行数据输入/输出引脚（I/O）和片选/复位引脚（CE）与单片机进行数据通信。DS1302 时钟系统的原理图如图 6-15 所示。

数码管部分使用两片 74HC595 芯片驱动，电路原理图与任务 4-3 相同。

2. 程序设计

DS1302 时钟系统的代码如下：

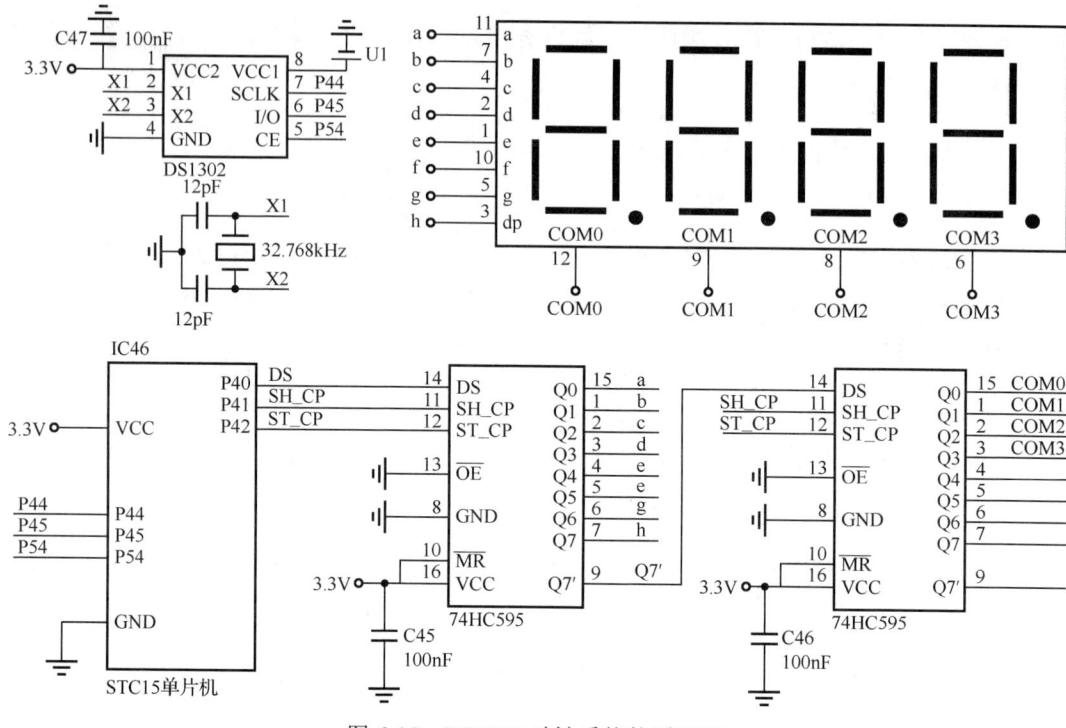

图 6-15　DS1302 时钟系统的原理图

```
 1 #include <STC15F2K60S2.H>
 2 #include <intrins.h>
 3 #include "ds1302.h"
 4 #include "string.h"
 5 #define    A74HC595_DAT    P40              //定义控制 I/O 口
 6 #define    A74HC595_OE     P41
 7 #define    A74HC595_LCK    P42
 8 #define    A74HC595_SCK    P43
 9
10 unsigned char code BIT_TAB[]={0X01,0X02,0X04,0X08};     //位码编码表
11 unsigned char code SEG_TAB[]={0xc0,0xf9,0xa4,0xb0,0x99,0x92,0x82,0xf8,0x80,0x90,0x88,0x83,0xc6,0xa1,0x86,0x8e};     //段码编码表
12 unsigned char hour=0, min=0, sec=0;                     //小时、分钟、秒变量
13 unsigned char DigTubeTimeCount = 0;                     //数码管刷新计数
14 void GpioInit(void)
15 {
16     P5M0=0x00;
17     P5M1=0x00;
18     P4M0=0x00;
19     P4M1=0x00;
20     A74HC595_OE = 0 ;
```

```
21}
22 void Timer0Init(void)              //2ms 定时器初始化函数，系统时钟频率为 12.000MHz
23 {
       /*与任务 4-3-1 中的代码相同，省略*/
32 }
33 //74HC595 移位寄存器控制函数
34 void HC595_WrOneByte(unsigned char Bit,unsigned char Seg)
35 {
       /*与任务 4-3-1 中的代码相同，省略*/
57 }
58 void main()
59 {
60     unsigned char temp;
61       GpioInit();                   //I/O 口初始化
62     Timer0Init();                  //定时器初始化
63     Write_Ds1302_Time(19,28,30);   //向 DS1302 写入时间，测试使用
64     while(1)
65     {
66         temp=Read_Ds1302_Byte(0x81);   //将 BCD 码转换为十进制数（秒）
67         sec=temp/16*10+temp%16;
68         temp=Read_Ds1302_Byte(0x83);   //将 BCD 码转换为十进制数（分钟）
69         min=temp/16*10+temp%16;
70         temp=Read_Ds1302_Byte(0x85);   //将 BCD 码转换为十进制数（小时）
71         hour=temp/16*10+temp%16;
72     }
73 }
74 void Timer0_Isr() interrupt 1
75 {
76     DigTubeTimeCount++;
77     if(DigTubeTimeCount>=4)   DigTubeTimeCount=0;  //控制数码管的刷新
78     HC595_WrOneByte(0xFF,0xFF);
79     switch(DigTubeTimeCount)
80     {
81         case 0:HC595_WrOneByte(BIT_TAB[0],SEG_TAB[hour/10]);
82         break;                                              //显示小时十位
83         case 1:HC595_WrOneByte(BIT_TAB[1],SEG_TAB[hour%10]&0x7F);
84         break;                                              //显示小时个位
85         case 2:HC595_WrOneByte(BIT_TAB[2],SEG_TAB[min/10]);
86         break;                                              //显示分钟十位
87         case 3:HC595_WrOneByte(BIT_TAB[3],SEG_TAB[min%10]);
88         break;                                              //显示分钟个位
```

```
89            default: break;
90       }
91 }
```

该程序通过三总线读取 DS1302 内部时钟，并通过数码管显示。关于读写 DS1302 的程序在相关知识中已经介绍，这里不再赘述。

第 63 行：向 DS1302 写入时间，测试时使用，实际在校准后，该行代码需要删除。

第 66～72 行：读取 DS1302 寄存器的相关函数，分别从秒寄存器、分钟寄存器、小时寄存器三个寄存器中读取秒、分钟和小时数据。

第 79～90 行：通过单片机定时器实时刷新数码管，显示小时和分钟。

课后拓展

在任务 6-3 编写的程序的基础上，对代码进行改进，增加使用三个按键修正时间功能。按键 1：功能按键，第一次按下后修改小时，第二次按下后修改分钟，第三次按下后确认修改时间；按键 2：在修改状态下，增大时间值，每按一次加 1；按键 3：在修改状态下，减小时间值，每按一次减 1。

单元小结

本教学情境介绍了单片机常用接口技术,使用接口技术扩展外设大大丰富了单片机的应用。本教学情境介绍了最常用的三种接口技术,同学们应该熟练掌握。第一种接口技术为 A/D 转换,它将外部模拟量转换为单片机能够识别的数字量,是一种非常重要的手段;第二种接口技术为使用 I^2C 总线读取 AT24C02 的技术,现实生活中很多传感器芯片都集成了 I^2C 总线通信协议,它使用的信号线比较少,且通信比较可靠;第三种接口技术为使用三总线读写 DS1302 的技术,该技术类似于 SPI 总线技术。本教学情境的应用案例和编程方法可应用到实际工程项目中。

思考与练习

一、填空题

1. IAP15L2K61S2 有_____路 A/D 转换的模拟输入通道,转换位数是_____。

2. IAP15L2K61S2 的基准电压是_____,当电压不稳定时,_____处理。

3. I^2C 总线有两根信号线,分别是_____和_____。

4. 若 AT24C02 的 A0 端、A1 端和 A2 端都接地,则芯片的读地址是_____,写地址是_____。

5. DS1302 需要接的晶振频率是_____。

二、选择题

1. STC15 单片机的 ADC 用于启动内部 A/D 转换的指令是(　　)。

A. ADC_CONTR |=0x08　　　　　　B. ADC_RES |=0x80

C. ADC_CONTR |=0x80　　　　　　D. CLK_DIV |=0x08

2. STC15 单片机 A/D 转换结束中断的中断号是(　　)。

A. 3　　　　B. 4　　　　C. 5　　　　D. 6

3. 下列关于 I^2C 总线起始信号的描述中,正确的是(　　)。

A. SDA 和 SCL 均为高电平

B．SDA 为高电平时，SCL 由高电平向低电平跳变

C．SDA 和 SCL 均为低电平

D．SCL 为高电平时，SDA 由高电平向低电平跳变

4．下列关于 I^{2}C 总线的说法中，错误的是（　　）。

A．是 Philips 公司设计的通信标准　　B．通过两根双向总线连接设备

C．包含数据线 SDA 和时钟线 SCL　　D．最多可连接 256 个从器件

5．DS1302 中秒寄存器的读控制字是（　　）。

A．0x80　　　　B．0x81　　　　C．0x82　　　　D．0x83

三、综合题

1．利用 IAP15L2K61S2 中的 ADC 设计一个 8 通道数据采集系统，要求：能够依次轮流显示每一路通道的电压数据，能够显示当前是哪一路数据，每一路数据的显示时间为 1s。

2．了解 PCF8563 的工作原理，利用 PCF8563 设计一个电子时钟，通过数码管实时显示时间（小时和分钟）。

参考文献

[1] 刘平. 深入浅出玩转51单片机[M]. 北京：北京航空航天大学出版社，2014.

[2] 刘平. STC15单片机实战指南（C语言版）[M]. 北京：清华大学出版社，2016.

[3] 陈麒，陈晓斌，陈超然，等. 单片机原理及应用项目教程：基于STC15系列单片机C语言程序开发[M]. 北京：清华大学出版社，2023.

[4] 徐自远. 单片机控制技术项目训练教程[M]. 北京：高等教育出版社，2020.

[5] 郭书军，彭大海，冯良. 物联网单片机应用与开发（中级）[M]. 北京：电子工业出版社，2022.

反侵权盗版声明

电子工业出版社依法对本作品享有专有出版权。任何未经权利人书面许可，复制、销售或通过信息网络传播本作品的行为，歪曲、篡改、剽窃本作品的行为，均违反《中华人民共和国著作权法》，其行为人应承担相应的民事责任和行政责任，构成犯罪的，将被依法追究刑事责任。

为了维护市场秩序，保护权利人的合法权益，我社将依法查处和打击侵权盗版的单位和个人。欢迎社会各界人士积极举报侵权盗版行为，本社将奖励举报有功人员，并保证举报人的信息不被泄露。

举报电话：（010）88254396；（010）88258888
传　　真：（010）88254397
E-mail：　dbqq@phei.com.cn
通信地址：北京市海淀区万寿路173信箱
　　　　　电子工业出版社总编办公室
邮　　编：100036

欢迎登录 **免费** 获取优质教学资源
http://www.hxedu.com.cn

- 模拟电子技术（工作手册式）（第2版）（双色版）
- 用微课学·模拟电子技术教程（工作手册式）
- 多媒体技术及应用
- 电子技术（第5版）
- 低频电子线路（第3版）
- 电工技术（第2版）
- 电路分析与仿真应用
- 电子技术项目化教程
- 电子产品制作工艺与实训（第5版）
- C语言程序设计（基于Keil C）（第2版）
- **单片机技术应用**
- 单片机及接口技术项目教程（第2版）
- 单片机应用技术案例教程（C语言版）
- C51单片机编程与应用（第2版）
- STM32程序设计案例教程
- 嵌入式技术应用项目式教程（STM32版）
- 用微课学·Altium Designer 14原理图与PCB设计
- 现代通信工程制图与概预算（第4版）
- 无线传感器网络技术与应用
- 物联网智慧系统设计与调试
- 基于5G的基站建设与维护（第2版）
- 物联网射频识别（RFID）技术与应用（第2版）
- 办公自动化项目教程（Windows 10+Office 2016）

- 传感器及检测技术应用（第3版）（双色版）
- 西门子S7-200系列PLC应用技术（第3版）
- 工程案例化西门子S7-300/400 PLC编程技术及应用
- 西门子S7-1200 PLC编程技术与应用工作手册式教程
- 电气控制与PLC技术项目教程（西门子S7-200）
- PLC应用技术项目教程（三菱FX系列）（第2版）
- 电气控制与PLC应用技术（三菱FX系列）
- 供配电技术
- 自动控制原理与系统
- 电气制图CAD项目教程
- AutoCAD 2021 工程绘图及实训（第3版）
- 机械制图（第2版）
- 机械制图与典型零部件测绘（AR版）（第2版）
- 金工实训（第3版）
- 机械制造基础（第2版）
- 机械设计基础（第4版）
- 公差配合与测量技术——项目、任务、训练
- 工程力学应用（静力学、材料力学）
- Pro/ENGINEER Wildfire 5.0产品造型设计（第2版）
- UG NX 10.0 产品建模案例教程
- UG NX 12 Mold Wizard 塑料注射模设计教程
- 机械专业交际英语（第3版）
- 数控技术专业英语（第3版）

责任编辑：王艳萍
封面设计：天虹图文

ISBN 978-7-121-49429-1

定价：42.00元